NFT 极简入门

Anymose ◎ 编著

U0160990

科学出版社

北　京

内 容 简 介

NFT作为一种区块链加密资产，每一天都在创造新的历史。不断拓展的技术边界，不断增加的应用领域，NFT的影响力已经深入艺术、娱乐以及日常生活的方方面面。本书用通俗易懂的语言，结合具体的案例，带领读者了解NFT，学会使用NFT。

本书从纵览NFT生态体系的完整版图入手，先介绍NFT"有什么"，然后手把手带领读者完成创建、转移、销售、销毁等一系列操作。并从技术视角，探讨NFT在艺术、PFP、游戏和元宇宙等领域的应用，以及它带来的创新和行业新模式。

通过本书，读者可以快速了解NFT，同时可以亲身实践，希望本书可以带领读者走进多彩的数字世界。

图书在版编目（CIP）数据

NFT极简入门/Anymose编著.—北京：科学出版社，2024.5
ISBN 978-7-03-078413-1

Ⅰ.①N… Ⅱ.①A… Ⅲ.①区块链技术 Ⅳ.①TP311.135.9

中国国家版本馆CIP数据核字（2024）第079596号

责任编辑：孙力维 杨 凯 / 责任制作：周 密 魏 谨
责任印制：肖 兴 / 封面设计：DaDa

科 学 出 版 社 出版
北京东黄城根北街16号
邮政编码：100717
http://www.sciencep.com
河北鑫玉鸿程印刷有限公司印刷
科学出版社发行 各地新华书店经销
*

2024年5月第 一 版 开本：787×1092 1/16
2024年5月第一次印刷 印张：17 1/4
字数：290 000

定价：88.00元
（如有印装质量问题，我社负责调换）

推荐序 Recommendation

这段时间，周星驰先生领衔的 Nobody NFT 项目在行业内外掀起巨浪，项目的白名单成了众多爱好者追捧的焦点。Nobody 社区展现出一种开放包容的精神——给小人物一个舞台，让好想法发光。这些多姿多彩的作品预示着其社群在潮牌、艺术、音乐等领域未来的广阔可能性。从项目初期与周星驰先生的接触开始，我们就深刻感受到这个 NFT 项目不仅承载着许多人的童年与青春回忆，还体现了 Web3 打破传统界限后，融合多元素所创造出的丰富多样性。

2014 年起，我在加密货币行业见证了许多项目的起起落落。从交易所的兴起到挖矿的热潮，从去中心化金融到游戏领域的探索，让我感触最深的是 NFT 的兴起。无论是"无聊猿游艇俱乐部"（Bored Ape Yacht Club）的风靡还是 WoW（World of Women）展现的女性力量，这些 NFT 项目和社区不只是区块链产业高速发展的产物，更是团结精神和创新能力的体现。

NFT 作为艺术的全新表达形式，不仅结合了创意、技术和社区，还通过平台如 TRLab 和 Outland 展现其独特价值。TRLab 不仅专注于艺术 NFT 的收藏与创作，还致力于推动传统艺术与数字世界的融合。它通过教育计划和与艺术家、基金会及文化机构的合作，使当代艺术和艺术史在数字时代更加易于接触。Outland 平台则致力于围绕新兴数字技术和当代艺术的关键对话，邀请了多位知名艺术家参与 NFT 创作，例如，Leo Villareal、Ian Cheng、James Jean、Rachel Rose 等。方力钧老师在 Outland 上的 NFT 项目"Elemental"探索了新的创意可能性，展示了传统艺术与数字创新的结合。这些平台和项目展示了 NFT 作为连接艺术家、观众和数字技术的重要桥梁的潜力。

一个出色的 NFT 平台不仅仅是从点到面的延伸，更是从面到界的融合。Randi Zuckerberg 创办的 Hug 项目通过 NFT 平台汇聚了超过 10 000 名艺术家。

这个项目展示了多元化的艺术作品，为艺术家提供了一个展示创作并与更广泛观众互动的数字空间。Hug 不仅是艺术家的聚集地，也是艺术与技术融合的典范。NFT 为艺术家提供了一个全新的平台，打破了传统界限，让他们能够直接与观众沟通，更好地表达作品的价值。随着这些项目的发展，我们看到了 NFT 在未来的艺术和文化领域扮演着日益重要的角色。

而 NFT 的影响远远不止于艺术领域。在供应链管理方面，NFT 的应用也非常引人注目。举个例子，现在有些 Web3 碳中和平台正在尝试把碳信用证书作为 NFT 发行。这样做不仅让碳信用的记录更加透明可追溯，也提升了它们的安全性、可转让性和灵活性。这为碳中和行业带来了区块链技术的新机会，使企业和个人更容易购买、交易和追踪碳信用，助力环保事业。

在数字身份认证方面，NFT 提供了一种更安全、更可靠的方式来验证和保护个人和机构的身份信息。比如说，NFT 可以被用来改进在线服务和应用程序的身份认证系统，不仅提高了安全性，也让用户的登录和验证过程更为简便。这样既加强了网络安全，又保护了用户的隐私。

在数据安全方面，NFT 的发展同样带来了显著的进步。以医疗行业为例，保护医疗记录和患者信息的安全至关重要。如果将医疗数据存储为 NFT，我们就能确保数据的完整性和不可篡改性，并且在需要时，能够安全地分享给授权的医疗专业人员。这种做法为处理敏感的医疗数据提供了一个更安全、更高效的方案。

在我的日常 Web3 工作中，NFT 已成为不可或缺的一部分。作为一个活跃的去中心化自治组织（DAO）参与者，我注意到许多 DAO 的资金管理平台将未解锁的代币存放在 NFT 中，以此赋予未解锁代币可转让的权益。在这个过程中，"NFT" 这个词虽未被明确提及，但它在推动跨行业协作和创新方面发挥了关键作用。除此之外，在财产权和资产管理领域，NFT 带来了新的发展趋势。房地产等高价值资产的所有权转移现在可以基于 NFT 进行。通过 NFT 分割化（fractionalization），我们可以更灵活地处理房地产等资产的所有权转移，为资产管理开辟新的路径。

作为接受过法学训练的科技投资人，我认为 NFT 的出现既带来了机遇，也带来了挑战。关于艺术版权和知识产权保护的讨论一直是最重要的议题之一。现在的重点是如何保护艺术家的权益，同时适应数字市场的新技术。NFT 为艺术家开辟了版税收入的新途径，但也面临一些挑战。最大的挑战之一是如何在全球范围内统一执行版权规定，因为不同国家的法律差异较大。此外，技术的快速发展使监管机构难以跟上市场变化的步伐。目前，一些国家已开始将 NFT 视为版权保护的合法工具，但这个过程仍需时间和国际合作。

在这种背景下，我们需要持续努力，不仅要加强对现有法律的理解和实施，还要积极参与制定适应数字时代的新规则。通过 NFT，艺术家在作品转售时可以自动获得版税，这不仅为艺术家提供了新的收益来源，保障了他们的创作收益，还有助于保护他们的知识产权，提升艺术市场的公平性。我们需要在全球范围内推动更广泛的认识和合作，以确保新兴技术和法规能更全面地保护艺术家。

身为一个专注于区块链和数字资产的投资者，同时也是 Gitcoin Steward Council 成员，我对 NFT 作为新兴投资领域的潜力感到兴奋。尽管 NFT 市场还处于早期发展阶段，但其快速增长和创新潜力展示了巨大的价值。然而，投资 NFT 也伴随着挑战，包括市场的波动性和监管的不确定性。对投资者而言，深入理解艺术和技术的复杂性，以及对市场动态的敏锐洞察是关键。

未来，NFT 的应用领域将不断扩展，其影响力将深入艺术、娱乐以及日常生活的方方面面。随着技术的发展和应用的推广，NFT 将成为我们数字生活的重要组成部分。同时，法律、伦理和环境等方面的挑战也不容忽视。如何在创新和责任之间找到平衡，是我们这一代人面临的重要课题。应《NFT 极简入门》作者的邀请，在此分享我的见解和想法。鼓励每位读者保持开放的心态和积极的态度深入了解 NFT 的各种应用，并思考如何在这个快速发展的领域中找到自己的位置。无论您是艺术家、开发者、投资者，还是单纯的技术爱好者，NFT 都为您提供了一个展现创造力和探索新机遇的舞台。

OKX Ventures 合伙人 & Gitcoin Steward Council 成员
Jeff Ren

前 言 Foreword

尊敬的读者，欢迎来到《NFT 极简入门》！本书将带您深入探索 NFT 的神奇世界，无论您是初次接触还是已有一定了解，都能从中受益匪浅。

NFT，全名非同质化代币（Non-Fungible Token），是加密世界中最受瞩目的话题之一。在这个数字时代，NFT 正以惊人的速度改变着艺术、文化、娱乐和创作者经济等领域。区块链、Web3、数字藏品、NFT……这几年类似的新词汇在我们生活里出现的频率越来越高。很多人容易被深奥、晦涩的技术名词迷惑，认为它们很难理解，但是事实往往并非如此。

在 Web3 领域全职工作几年之后我出版了第一本 Web3 科普图书，试图用简单的语言、丰富的案例为读者拆解技术，寻找能够为之所用的知识与技能。在《从零读懂 Web3》一书的撰写过程中，我发现 NFT 几乎成为整个 Web3 生态中最容易被大众所理解、接受与实践的板块，于是就萌生了单独出版一本关于 NFT 的入门读物的想法。

适逢《中国日报》发布公告希望创建自己的 NFT 和元宇宙平台，耐克、星巴克、亚马逊、古驰等品牌都已经在 NFT 领域提前布局，NFT 开始正式进入主流视野。作为一个新事物，技术带来创新，同时也引发许多担忧，让读者正确、全面认识和理解 NFT 成为本书的核心目标。除了概念与框架性的论述，学以致用的理念贯穿全书，NFT 对于创作者、营销人员、工程师、律师、金融工作者等都有非常实际的用途。经过几年的发展，它已经不局限于技术极客的玩具，也不是通常理解的小图片，在底层技术支持下，NFT 已经和我们每个人的生活息息相关。因此，研究 NFT，不仅可以帮助读者在未来科技中占领先机、帮助品牌在未来营销中盘活思路，也对我国新技术背景下的基础设施建设及关联产业发展具有重要意义。

本书内容分为三个部分。第一部分放弃常规的先讲概念，而是先从全局俯瞰整个 NFT 生态版图，这样做的目的是暂时先放下不同的定义分歧，先了解 NFT "有"什么，再去弄明白 NFT "是"什么。按技术堆栈划分思路来拆解 NFT，由此引出 NFT 历史、定义以及与其他概念的关联性。第二部分则从玩家、创作者、品牌等细分受众出发，将 NFT 带入生活、工作之中，详细介绍实际的操作步骤、实践指南。第三部分重新审视 NFT，站在未来视角分享 NFT 在技术、商业、版权等方面新的发展趋势。在写作过程中，NFT 几乎每天都在发生新事情，所以本书摒弃了很多"新鲜"案例与知识点，由表及里、抽丝剥茧，只摘取经过验证的观点与案例。

这本书可以成功出版，我要向科学出版社的喻永光老师、责任编辑孙力维老师表示衷心的感谢，感谢他们的力荐与细致的辛勤付出；感谢为这本书撰写推荐序的 OKX Ventures 合伙人 Jeff；撰写推荐语的蓝港互动与 Element Market 创始人王峰，BuidlerDAO 发起人 Niels，OGBC Innovation Hub 创始人 Jayden，Forj CEO Harry，Floor Protocol 创始人 @FLC-FlooringLab，小幽灵 Partner、NDV 合伙人 Christian2022，NFTGo 创始人 Lowes，inkonbtc 联合创始人 Zetman；感谢奇手社区、Web3 先锋队、CreatorDAO、PaPaGames、33DAO 等社区每位伙伴的支持；感谢 DaDa 设计封面与制作插图；感谢我的太太潘点点，始终信任并支持我的工作；感谢正在阅读这本书的你们，感谢你们的关注与包容。

NFT 不仅仅是数字艺术品的代名词，它代表着数字时代的新范式。无论您是创作者、投资者、品牌营销人员还是普通用户，NFT 都将对您产生深远的影响。希望本书能成为您踏上 NFT 之旅的指南，让您更好地理解这个充满机遇和挑战的数字世界。把这本书放在书桌一角，随时翻阅，并勇敢探索未知领域吧。

仓促行书难免有诸多不足，还请见谅。

本书相关资料已经同步在配套网站 http://www.nft101.club，可以免费获取，持续更新。

Anymose

2024 年 1 月 18 日于上海

目 录 Contents

第 1 章   NFT 101

1.1   NFT 版图速览 ·········· 2

1.1.1   基础设施层 ············· 3

1.1.2   垂直应用层 ············· 9

1.1.3   衍生应用层 ············· 17

1.1.4   聚合接入层 ············· 26

1.2   比特币、区块链与 NFT ····· 29

1.2.1   同质化与非同质化 ········· 29

1.2.2   Token、代币和通证 ········· 32

1.2.3   比特币与区块链 ·········· 33

1.3   NFT 简明史 ············· 37

第 2 章　立即参与 NFT

2.1　创建第一个 NFT ……… 54

2.1.1　创建区块链钱包 ……… 55

2.1.2　钱包设置与添加 Gas ……… 61

2.1.3　使用 Zora 创建媒体类 NFT ……… 63

2.1.4　使用 ENS 创建域名类 NFT ……… 68

2.1.5　在 The Sandbox 中创建游戏类 NFT … 71

2.2　查看、转移、销毁 NFT ……… 74

2.2.1　通过三种方法查看 NFT ……… 74

2.2.2　通过两种方法发送 NFT ……… 79

2.2.3　销毁 NFT ……… 80

2.3　购买、销售、展示 NFT ……… 82

2.3.1　通过三种方式购买 NFT ……… 82

2.3.2　上架销售 NFT ……… 88

2.3.3　多种方式展示 NFT ……… 90

第 3 章　深入理解 NFT

3.1　技术视角下的 NFT ·················· 94

3.2　多链、跨链与全链 NFT ·············· 106

3.2.1　NFT 的主要公链 ················ 107

3.2.2　跨链 NFT 如何运作 ·············· 109

3.3　数字藏品与联盟链 ················· 112

3.4　NFT 的应用分类 ·················· 115

3.4.1　艺　术 ····················· 115

3.4.2　音　乐 ····················· 127

3.4.3　PFP ······················ 136

3.4.4　游　戏 ····················· 146

3.4.5　元宇宙 ····················· 154

3.4.6　功能品 ····················· 163

第 4 章　当创作者经济遇见 NFT

4.1　创作者与创作者经济 ·················· 170

4.1.1　什么是创作者经济？ ·················· 170

4.1.2　创作者经济崩溃了吗？ ·················· 174

4.1.3　NFT 给创作者带来了什么？ ·················· 176

4.2　创作者的 NFT 实践课 ·················· 179

4.2.1　颠覆写作与出版的三件法宝 ·················· 179

4.2.2　一部纪录片的奇妙诞生 ·················· 189

4.2.3　赛博浪漫：你的白日焰火 ·················· 191

4.2.4　一个乙方设计师的 NFT 逆袭 ·················· 193

第 5 章　Web 2.0 品牌入局指南

5.1　品牌的 NFT 之路 ⋯⋯⋯⋯⋯ 198

5.1.1　什么是 NFT 驱动的 Web3 营销? ⋯⋯ 198

5.1.2　为企业量身定制 NFT 营销策略 ⋯⋯⋯ 201

5.1.3　尝鲜 NFT 的 10 个品牌 ⋯⋯⋯⋯⋯⋯ 205

5.2　耐克: 收购开启 NFT 次世代 ⋯⋯ 212

5.3　"星巴克 – 奥德赛" NFT 重构第三空间 ⋯⋯⋯⋯⋯⋯⋯ 219

5.4　古驰: 奢侈品牌的 NFT 实战宝典 ⋯⋯⋯⋯⋯⋯⋯⋯ 223

第 6 章　站在未来的边界

6.1　底层技术引来新范式 ………… 230

6.2　CC0 版权新突破 ………… 238

6.2.1　什么是 CC0 NFT？ ………… 238

6.2.2　CC0 对于 NFT 意味着什么？ ………… 241

6.2.3　值得关注的 CC0 NFT ………… 243

6.2.4　个案研究：MADE BY APES ………… 246

6.3　比特币网络 NFT 复古运动 ………… 252

6.3.1　Ordinals 重燃比特币 NFT 热情 ………… 252

6.3.2　诸雄争霸与 BTC 垃圾场 ………… 254

6.3.3　值得关注的 BTC NFT ………… 257

第1章

NFT 101

　　认识一个事物的常规流程是先了解概念，然而对于快速发展、充满争议的新事物，不如搁置概念，先一览全景。本章，我们通过对NFT版图的全面介绍，让读者先从全局角度对NFT有一个初步感知，然后通过梳理NFT与其他概念的关系，以及其简明发展历史，解释NFT的完整概念。

NFT 版图速览

NFT 是什么？有人说它是一文不值、可以随时鼠标右键另存为的小图片；有人说它是价值连城、媲美《蒙娜丽莎》的艺术品；有人说它是数字世界里绝佳的金融衍生品；也有人说，它只是新一轮的"郁金香泡沫"。他们说的是真的吗？这个问题的答案其实并不复杂：他们都是正确的，同时，又都是错误的。

这是一个典型的"盲人摸象"式认知偏差，只有站在一个更加宏观的角度才可以一览全貌。通过对 NFT 全景版图的梳理，我们可以更加清晰地认识、理解、运用 NFT，并在此基础上挖掘出它的多重属性。

所以，先不要急着找到确切的定义，不妨先一起看看 NFT 生态系统都包含哪些东西。

图 1.1 是曾担任区块链研究公司 Messari 研究员的 Mason Nystrom 绘制的 NFT 堆栈图，我们可以对图 1.1 稍作简化（图 1.2），然后从 4 个层级来重新划分、

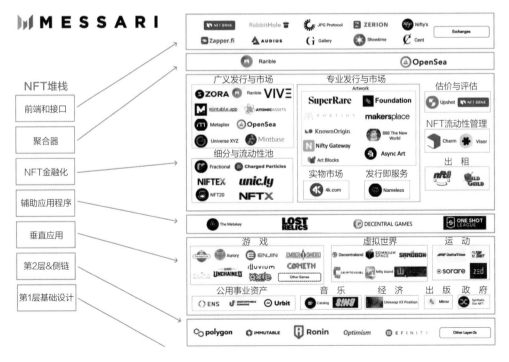

图 1.1　NFT 堆栈示意图（来源：Messari）

归类 NFT 生态应用，即基础设施层、垂直应用层、衍生应用层和聚合接入层（合并了聚合服务层和用户接入层）。

聚合接入层

衍生应用层

垂直应用层

基础设施层

图 1.2　NFT 生态层级堆栈简化图

1.1.1　基础设施层

如果把 NFT 比作一个软件，那么基础设施层就相当于操作系统。当你打开手机微信，微信就是应用程序，iOS 或者 Android 就是操作系统。NFT 作为原生于区块链技术的一种应用，同样也遵循这个原理。

区块链技术发展至今出现了大量的基础设施，其中一些对 NFT 的发展起到至关重要的作用，我们摘取典型项目作为案例，旨在理解这一层级与 NFT 的对应关系。

1. 以太坊

以太坊被称为"区块链的操作系统""世界计算机"。它具有强大的扩展能力、优秀的运算能力、丰富的生态系统、庞大的开发群体，目前已经成为区块链最重要的基础设施之一。事实上，以太坊也是 NFT 应用最丰富的公链，已经成为开发者的首选。

由图 1.3 可知，2023 年 5 月，以太坊占据了 NFT 市场份额的 84%（CoinGecko 数据），几乎一统江山。根据 CryptoSlam 统计，在所有公链的 NFT 历史销售中，以太坊以 440 亿美元遥遥领先，要知道整个 NFT 市场的累计交易额也不过只有 600 多亿美元。

等　级	区块链	市场份额 / %
1	以太坊	84.0
2	比特币	11.0
3	Immutable X	2.5
4	Polygon	1.0
5	Solana	0.7
6	Flow	0.4
7	Arbitrum	0.2
8	BNB Chain	0.2

图 1.3　NFT 市场公链分布比例（来源：CoinGecko）

截至 2024 年 2 月，在以太坊上已经部署、发行了 262 611 个 NFT 项目，活跃的交易市场达 37 个。NFT 的持有地址数也突破了 1000 万，NFT 转移数量高达 2.5 亿次（NFTGo 数据）。

2. Polygon 与 Layer2

以太坊的优点很多，缺点也比较明显——随着应用增加，以太坊开始拥挤，成本更是激增，于是行业提出了侧链（side chains）和 Layer 2 等解决方案。可以用高速公路来类比，当一条高速公路负载超额时，可以在高速公路的起点和终点间再修建一条小路，这就是侧链；也可以在高速公路的上方架设高架桥，分流部分特殊车辆或处理特殊情况（比如在高架桥上设置 ETC 收费，车辆到达地面高速公路出口免排队通行）。

Polygon 是一条被 NFT 广泛采用的侧链。得益于更快的速度（以太坊为 14TPS[①]，Polygon 为 7200+TPS）、更低廉的交易费用（以太坊几十到几百美元，Polygon 不到 0.05 美元）、更激进的市场策略（印度商业资源整合），大量传统公司进军 NFT 都选择使用 Polygon，比如，星巴克、Meta（原 Facebook）。

除 Polygon 之外，对 NFT 投入巨大的还包括孕育现象级 NFT 游戏 Axie 的 Ronin、专注高并发游戏处理的 Immutable、创建 NFT 首个 ERC-1155 技术标准的 Efinity、高速扩容的 Layer 2 明星项目 Optimism 等。

3. Tezos 与 WAX

除去技术的因素，NFT 本身就是一个横跨技术、艺术的产物，所以也诞生了一些专为 NFT、艺术家和社群服务的基础设施。

Tezos 是一条 2014 年就存在的古老公链，它很早就采用了 PoS（Proof of Stake，权益证明）机制，所以具有低耗环保、速度快、费用低的优点。NFT 暴发后，一批艺术家选择 Tezos 链上的加密艺术平台 HEN（Hic et Nunc）作为交易平台，这使得 Tezos 变成诸多 NFT 尤其是艺术类项目的首选公链。

WAX 曾自称"NFT 公链之王"，是一条专注于游戏道具和加密数字藏品的公链。WAX 基于 EOS 公链修改而成，和 Tezos 类似，WAX 沿袭了 DPoS 共识

---

① TPS:transaction per second，每秒处理事务量。——编者注

机制，支持游戏和 NFT 的高并发处理且费用极低。因为专注，所以 WAX 被众多 Web3 游戏所采用，游戏道具通常会以 NFT 的形式出现，所以 WAX 推出了 vIRL NFT 标准，让 NFT 具有更多动态功能，同时串联了营销、视频、直播、实物等，让 NFT 更加实用。

狭义的基础设施主要讨论公链，而广义的基础设施则包含去中心化存储、预言机、智能合约、区块链钱包、安全审计甚至是交易市场。NFT 的生产、传输、交易、存储、转移等操作都需要这些基础设施来支撑，它们是幕后英雄，是看不见的手。

4. 去中心化存储

顾名思义，去中心化存储和中心化存储是相反的。通常情况下，数据都是存储在中心化的服务器或独立主体，比如公司、品牌之下。根据 Web3 的核心定义之一"去中心化"，NFT 的文件和信息存储是去中心化的。所谓去中心化存储指的是一种分布式存储方式，它将数据分散存储在网络中的多个节点上，而不是集中存储在单个中心化服务器上。这样做的好处包括安全性更高、扩展性更强、经济模型更灵活、信用及使用成本更低。目前绝大部分的 NFT 项目都将数据存储在诸如 IPFS、Arweave、Filecoin 等系统上。

IPFS

IPFS（interplanetary file system，星际文件系统）是一种点对点的分布式文件系统，它通过内容寻址来存储和检索文件。NFT 的元数据和媒体文件可以通过 IPFS 进行存储，确保文件的可靠性和不可篡改性。

Arweave

Arweave 是一个永久性的去中心化存储网络，它利用区块链技术存储和验证数据。NFT 的内容可以通过 Arweave 进行存储，确保数据的长期保存和可靠性。

Filecoin

Filecoin 是一个基于 IPFS 的去中心化存储网络，它通过激励机制来鼓励节点提供存储空间和计算资源。NFT 的内容可以通过 Filecoin 进行存储，节点可以通过提供存储服务来获取 Filecoin 的通证奖励。

这些去中心化存储服务为 NFT 提供了可靠的存储和访问机制，确保 NFT 内容的安全性和可持续性。它们的去中心化特性使得 NFT 的内容可以在全球范围内分布和访问，同时减少对中心化存储服务的依赖。

5. 预言机

预言机（oracle）是连接区块链与现实世界数据的桥梁，它将现实世界的数据引入区块链，使得智能合约可以获取和使用这些数据。在 NFT 领域，预言机主要用于提供与 NFT 相关的现实世界数据，以增强 NFT 的功能，提升 NFT 的价值。

具体而言，预言机可以为 NFT 提供实时数据通信，这些数据与 NFT 相关联，使得 NFT 的价值和功能与现实世界的变化保持同步。预言机可以为 NFT 提供与物理资产相关的数据，例如，艺术品的真实性验证、珠宝的来源追溯等，可以提升 NFT 的信任度和价值。预言机可以根据现实世界的事件触发智能合约的执行，例如，当某个特定事件发生时，预言机可以触发激活 NFT 的所有权转移或特定功能。另外，预言机还可以用于验证用户的身份信息，确保只有经过验证的用户才能进行特定的 NFT 交易或访问特定的 NFT 内容。

Chainlink

Chainlink 是目前最为知名和广泛使用的预言机服务商之一。他们提供了一个去中心化的预言机网络，连接区块链与现实世界的数据源，该网络由多个节点组成，通过共识机制提供可靠的数据服务。

Band Protocol

Band Protocol 也是一个知名的预言机服务商，它的网络由多个验证者节点组成，通过共识算法提供可信赖的数据源。

6. 智能合约

智能合约（smart contract）是一种基于区块链技术的自动化合约，它可以在没有第三方干预的情况下传播、验证和执行合约条款。智能合约以代码形式编写，其中包含合约的规则和条件，一旦满足这些条件，合约就会自动执行相应的操作。

智能合约是 NFT 的基础设施和运行机制。智能合约定义了 NFT 的属性和行为，规定了 NFT 的创建、转移、销毁等操作。智能合约还可以与外部数据源和服务进行交互，为 NFT 项目提供更多的功能和灵活性。通过智能合约，NFT 项目可以实现各种功能，例如，创建和发行 NFT、验证 NFT 的真实性、记录 NFT 的所有权转移、实现 NFT 的交易和拍卖等。智能合约为 NFT 项目提供了安全、透明和可编程的基础，使得 NFT 的使用和交易更加便捷和可信赖。

在基础设施层，我们讨论智能合约通常会从编程语言、开发工具或服务入手。开发者使用开发工具、选择编程语言及框架从而完成 NFT 的一系列操作，比较常见的资源有以下几个：

Solidity

Solidity 是最常用的智能合约编程语言，用于在以太坊平台编写智能合约。它是一种静态类型的语言，类似于 JavaScript。

Vyper

Vyper 是另一种以太坊智能合约编程语言，它专注于安全性和简洁性。Vyper 的语法更加简单，有更多限制，目的是减少潜在的漏洞和错误。

Remix

Remix 是一个基于浏览器的智能合约开发环境，提供了可视化的界面和调试工具，方便开发者编写、测试和部署智能合约。

Ganache

Ganache 是一个以太坊区块链模拟器，用于本地开发和测试智能合约。它提供了一个简单易用的界面，可以模拟完整的以太坊网络环境。

7. 区块链钱包

类似于你需要将钱放入银行账户或者一个真实的钱包里，NFT 作为一种资产，用户通过铸造、转移或交易而得到的 NFT 通常也会被放置到区块链钱包里。区块链钱包是一种用于存储、管理和交换加密货币和数字资产的应用，通常包括软件应用程序或硬件设备，它允许用户创建和管理加密密钥对，以便安全地存储和访问他们的加密资产。

MetaMask

MetaMask 是一个非常受欢迎的区块链钱包，支持 NFT。它是一个浏览器插件，可以与 Chrome、Firefox 等主流浏览器兼容。MetaMask 提供了一个简单易用的界面，让用户可以管理自己的以太坊资产和 NFT。

Trust Wallet

Trust Wallet 是一个移动端的钱包应用，支持多个区块链网络，包括以太坊和 Binance Smart Chain。它提供了一个安全的环境，让用户可以存储、发送和接收 NFT。Trust Wallet 还与一些 NFT 市场和游戏平台集成，方便用户进行交易。

Enjin Wallet

Enjin Wallet 是一个专注于游戏和 NFT 的钱包应用，支持多个区块链网络，包括以太坊和 Polkadot。Enjin Wallet 提供了一个用户友好的界面，方便用户管理自己的 NFT 资产，并与 Enjin 生态系统中的游戏和应用进行互动。

8. 交易市场

NFT 生态很重要的一个部分是交易，交易市场也就成了 NFT 的基础设施之一。交易市场包括原生市场、聚合市场，以及支持不同公链、不同类型的细分市场等。用户可以通过交易市场购买、出售自己的 NFT，查看市场行情，进行社区互动；NFT 项目方可以在交易市场通过首发、拍卖、空投等方式与用户产生联系。

OpenSea

OpenSea 成立于 2017 年，是目前全球最大的 NFT 交易市场。在 OpenSea 上，用户可以创建自己的 NFT，并将其上传到交易市场进行销售或拍卖，这些 NFT 可以是艺术品、音乐、游戏道具、域名、虚拟土地等。

SuperRare

SuperRare 是一个以艺术家聚集而闻名的 NFT 交易市场。艺术家可以将自己的 NFT 艺术作品上传至 SuperRare，并设置作品的价格。当作品被售出时，艺术家将获得一部分销售收益，同时买家会拥有该作品的所有权。这种去中心化的市场模式为艺术家提供了更多的创作和收益机会，同时也为收藏家提供了独特且有价值的 NFT。

Blur

Blur 是一个 2022 年成立的交易市场，既作为 NFT 交易市场又作为聚合器运行，它允许用户在一个界面操作、在多个平台同时上架 NFT。用户可以在 Blur 上销售 NFT 或跨市场购买 NFT，不收取交易费。依靠无交易费、聚合交易、超快响应速度、通证激励等措施，Blur 迅速成为交易额最大的 NFT 交易市场，交易额遥遥领先。

至此，我们基本上梳理清楚了 NFT 的基础设施板块，重新整理 NFT 的生态层级堆栈第一层，得到更加清晰简洁的基础设施层结构图（图 1.4）。

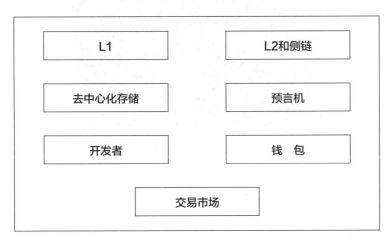

图 1.4　NFT 生态层级堆栈之基础设施层

1.1.2　垂直应用层

基础设施层是用户难以感知的，就像你每天使用 iPhone 或安卓手机时并不会注意到底层的操作系统。虽然 NFT 是在基础设施层生产、包装、传输的，但最终需要面向用户，于是不同的终端 NFT 如雨后春笋般出现，如同手机里丰富的应用程序（App）一样。

垂直应用层是离用户最近的一层，也是很多人接触到的、通俗意义上的 NFT。根据 NFT 在不同领域的应用，可以在垂直应用层发现大量案例，我们会在后续章节详细介绍这些应用，这里先摘选几个大的类别，稍做解释。

1. PFP

在绝大部分的分类中都把 PFP 归纳为"收藏品"，但考虑到 PFP 是用户接触最多的类型（图 1.5），我们把它单独作为一个分类来介绍。PFP（profile picture，个人资料图片），可简单理解为头像，通常指的是以 NFT 形式存在的个人资料图片。通过将个人资料图片转化为 NFT，用户可以拥有独特且不可复制的数字身份标识，这种独特性和稀缺性使得 PFP 类型的 NFT 在数字艺术品市场具有一定的价值。此外，PFP 还可用于社交媒体平台、虚拟世界和游戏中，为用户提供个性化和独特的展示自我的方式。

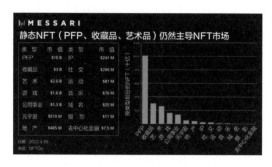

图 1.5　NFT 不同分类市值分布图（来源：NFTGo）

PFP 类型的 NFT 之所以流行，是因为它为数字艺术、个人身份和社交媒体等领域带来了新的可能性。首先，它为数字艺术提供了新的展示和交易方式。传统的艺术品通常是以实体形式存在，而数字艺术则可以通过 NFT 的形式在区块链上进行唯一性和所有权的验证。艺术家可以将自己的作品转化为 PFP 类型的 NFT，通过售卖或拍卖的方式与收藏家和艺术爱好者进行交互，从而创造新的艺术市场和商业机会。其次，从用户角度看，它满足了人们对个人身份和个性化表达的需求，在 Web3 时代，个人身份的表达已经不再局限于传统的文字描述或照片，通过选择一个独特的 PFP 作为个人资料图片，人们可以在虚拟世界和社交媒体上展示自己的个性和兴趣。再次，它的流行还与社交媒体平台和虚拟世界的发展密切相关，许多社交媒体平台和虚拟世界开始支持 NFT 的使用，用户可以在这些平台展示和交易自己的 PFP，为用户提供了一种新颖的方式来与他人互动和展示自己的个性。在虚拟世界中，PFP 可以作为虚拟角色的身份标识，让用户在游戏或虚拟社区中展示自己的独特形象。

CryptoPunks

2017 年 Larva Labs 的两位创始人 Matt Hall 和 John Watkinson 创建了"CryptoPunks"，这是由 10 000 个独特的像素艺术角色组成的 NFT 项目。每个角色都有自己独特的外观和特征，包括不同的发型、眼镜、帽子、背景等，每个 CryptoPunks 都是独一无二的，具有唯一性和所有权验证。随着时间的推移，CryptoPunks 逐渐引起人们的关注。2017 年至 2018 年，一些 CryptoPunks 被高价售出，其中，编号 #5822 的 NFT 以破纪录的 8000 ETH^{①} 售出，折算价格大约是 2280 万美元，引起了众多数字艺术品收藏家和投资者的注意。CryptoPunks 的成功也对整个 NFT 市场产生了影响，它被认为是 NFT 领域的先驱之一，为 NFT 的发展和普及起到了重要的推动作用。

BAYC

BAYC（Bored Ape Yacht Club，无聊猿游艇俱乐部）是一个融合了数字艺术、社区和独特收藏体验的 NFT 项目，也就是我们经常见到的猴子头像，一般被称为无聊猿。BAYC 包含 10 000 个独特的猿类角色，每个角色都有自己独特的外观、表情和特征，使其成为一个独特的 PFP。BAYC 可以说是迄今为止最成功的 NFT 项目，并且产生了最强大的社区、最丰富的生态、最有价值的商业应用，几乎成为 NFT 的代名词。BAYC 的艺术特色之一是精美的细节和设计。每个猿类角色都经过精心设计，包括不同的发型、眼睛、嘴巴、服装和配饰等。这些细节使得每个角色都独一无二，充分展现了艺术家的创造力和技巧。另一个特色是每个猿类角色都有独特的表情和情感，从开心、悲伤到惊讶等，展现出角色丰富的情感世界。这些表情使得每个角色都栩栩如生，给人一种与之产生共鸣和情感连接的感觉。另外，BAYC 还衍生设计出独特的背景，例如，海滩、森林、城市等，为角色增添了故事性和环境感。每个角色还有不同的配饰，例如，帽子、眼镜、项链等，进一步展示了角色的个性和风格。

WoW

WoW（World of Women）是一个备受瞩目的 PFP，旨在通过数字艺术展示和赞美女性的力量、美丽和多样性，这与当今社会对女性权益和男女平等的关注相契合。WoW 包含各种不同类型的女性形象，比如不同肤色、发型、服装和配饰等，每个形象都经过精心设计。这种多样性设计使得它能够吸引不同背景和文化的观众，并为他们提供一种与作品产生共鸣和情感连接的体验。持有 WoW 的人可以参与社区活动，例如，参与投票，参加线上和线下活动等。这种社区活动使得所有者能够更深入地参与到项目发展中来，并与其他收藏家建立联系。

---

① ETH，以太坊专用加密货币以太币。——编者注

2. 艺　术

艺术是人类创造力的一种表达形式，它可以通过绘画、雕塑、音乐、舞蹈等多种媒介来表现。NFT 是数字艺术品的一种表现形式，它将传统艺术数字化并赋予其独特的身份和价值。NFT 的出现为艺术家提供了一种全新的创作、展示和销售作品的方式，同时也为收藏家提供了一种数字化的收藏和投资方式。

广义的艺术包含很多，我们讨论的艺术类 NFT 包括绘画、摄影、生成艺术、动图和视频等。NFT 的特殊技术与经济属性吸引了很多艺术家，中国艺术家蔡国强、方力钧、宋婷等都在 NFT 艺术领域有非常优秀的作品，欧美艺术家 Pak、Beeple 等更是把 NFT 当作主要的艺术表现手段。除了艺术家，围绕艺术 NFT 还发展出一个全新的艺术生态，包括策展人、美术馆、交易平台、生成工具等。

艺术类 NFT 不仅停留在线上平台，这种艺术形式已经被传统艺术圈接纳、推崇。路易斯安那现代艺术博物馆是世界上最重要的现代艺术博物馆之一，它于 2021 年开始收藏和展示 NFT 作品。该博物馆收藏了一些具有重要历史和艺术价值的 NFT 作品，如 CryptoPunks 和 Beeple 的作品。这些 NFT 作品被展示在博物馆的数字艺术展览中，与传统艺术品共同展示，为观众提供了一个全面了解数字艺术的机会。另外，英国泰特现代美术馆、美国大都会艺术博物馆、日本国立新美术馆都在展览中加入了 NFT 元素或单元。

Beeple

Beeple（真名 Mike Winkelmann）是一位数字艺术家，他的作品《每一天：最初的 5000 天》"Everydays：The First 5000 Days"在 NFT 市场引起轰动。这个作品由一系列数字艺术作品组成，是 Beeple 自 2007 年 5 月起耗费 5000 多天每天创作一幅作品的集合。该作品在 2021 年 3 月以近 7000 万美元的价格在佳士得拍卖行售出，创下数字艺术品的拍卖纪录，并引起广泛关注，使数字艺术的价值和认可度得到进一步提升。

Art Blocks

Art Blocks 是一个基于以太坊的 NFT 平台，旨在推广和展示算法艺术。该平台与一些顶尖的算法艺术家合作，创作出一系列独特的数字艺术作品。这些作品的共同特点是它们是通过算法生成的，每个作品都是独一无二的。Art Blocks 的作品涵盖各种风格和形式，包括图形、动画、音乐等。Art Blocks 为艺术家提供了一个创作和销售算法艺术作品的平台，同时也为收藏家提供了一种独特的数字艺术收藏方式。

3. 体　育

体育活动是人类社会参与度最高的集体行为，观看职业化体育赛事、休闲运动已经成为人们日常生活的一部分。NFT 在体育领域的应用迅速发展，职业赛事、俱乐部、运动员、运动品牌等都有所涉及。

体育明星和运动队可以将独特的数字收藏品转化为 NFT，如球员签名、比赛瞬间、限量版纪念品等。这些 NFT 作品可以通过拍卖或销售平台进行交易，为球迷和收藏家提供了一种数字化的收藏方式。NFT 可以用于创建虚拟的体育用品和装备，如虚拟球衣、球场、球迷道具等。这些虚拟物品可以在游戏、虚拟现实和增强现实等平台中使用，为用户提供沉浸式的体育体验。NFT 还可以用于创建独特的赛事门票和许可证，确保其真实性和所有权。这些 NFT 门票和许可证可以通过区块链进行验证和转让，提高了交易的透明度和安全性。

巴塞罗那足球俱乐部（FC Barcelona）推出了自己的官方 NFT 收藏品，包括球员签名、限量版纪念品等；AC 米兰足球俱乐部（A.C.Milan）与 NFT 平台 Chiliz 合作，推出了球迷通证（Fan Token）和官方 NFT 收藏品；洛杉矶湖人队与 NFT 平台 Dapper Labs 合作，推出了球队的官方 NFT 收藏品；篮球明星勒布朗·詹姆斯与 NFT 平台 Dapper Labs 合作、耐克与 NFT 平台 RTFKT Studios 合作，推出了限量版数字球鞋 NFT 收藏品。

▎NBA TopShot

NBA TopShot 是一个备受关注的体育类 NFT 项目，它结合体育和数字艺术，为球迷提供独特的数字收藏体验。该项目通过将体育时刻转化为数字化的 NFT，让球迷能够拥有和交易独特的体育收藏品。这些体育时刻可以是篮球比赛中的精彩扣篮、关键三分球或球员的经典动作。每个体育时刻都是一个独特的 NFT，具有唯一性和稀缺性，使其在数字艺术市场具有一定的价值。NBA TopShot 创造了累计 10 亿美元的销售额，参与人数高达 58 万，勒布朗·詹姆斯的宇宙大灌篮 NFT 以 20.8 万美元成交，创造了最高销售纪录。

Socios

Socios 是一个基于区块链技术的体育平台，旨在通过 NFT 和区块链技术增强体育体验，促进球迷与俱乐部之间的互动。Socios 平台允许球迷购买和拥有代表特定俱乐部或体育组织的数字资产，这些数字资产被称为球迷通证（Fan Token）。这些球迷通证是基于区块链技术的 NFT，每个 NFT 都是独一无二的，球迷可以使用这些 NFT 参与俱乐部的决策，例如，投票选举队长、选择球队的庆祝动作或设计球队的球衣等。

4. 游 戏

NFT 在游戏领域的应用日益受到关注，这种新的形式为游戏开发者和玩家提供了全新的机会和体验，改变了传统游戏的玩法和经济模式。传统游戏中，玩家拥有的虚拟资产通常只存在于游戏内部，无法在游戏之外进行交易或转移。而通过 NFT 技术，游戏开发者可以将虚拟资产转化为独特的 NFT，使玩家真正拥有这些资产的所有权。玩家可以在游戏内外自由交易、租赁这些 NFT，从而创造一个真正的虚拟经济体系。NFT 可以用于构建游戏内部的经济系统，使玩家在游戏中获得真实的经济回报。玩家可以通过完成任务、击败敌人或其他方式获得 NFT 奖励，这些奖励可以在游戏内外进行交易或兑换成真实物品。NFT 的标准化使得不同游戏之间的虚拟资产可以互相兼容和交互，这意味着玩家可以将自己在一个游戏中获得的 NFT 带入另一个游戏中使用，增加了游戏之间的互动性和连贯性。

简言之，NFT 在游戏领域的应用有以下几个特点。第一，资产确权，NFT 使玩家真正拥有游戏中的虚拟资产；第二，稀缺性独占，NFT 的独特性和稀缺性赋予了虚拟资产真实的价值；第三，社区互动，玩家可以通过交易和分享自己的 NFT 与其他玩家互动，形成一个活跃的社区生态系统；第四，玩法创新，玩家可以通过收集、交易和使用 NFT 来解锁特殊的游戏内容、参与游戏决策或获得独特奖励。

Axie Infinity

"Axie Infinity"是一个基于 NFT 的收集、养殖和对战游戏，玩家可以通过对战、交易和经营来获得游戏内和真实世界的收益，还可以通过购买和养殖虚拟生物（称为 Axie）来参与游戏。NFT 在 Axie Infinity 中扮演重要的角色。每个 Axie 都是一个独特的 NFT，其属性和技能决定了它在对战中的表现。玩家可以购买、出售和交易 Axie，这使得 Axie Infinity 成为一个真正的数字资产市场。NFT 的独特性和稀缺性使得 Axie 具有价值，玩家可以通过交易 Axie 来获得收益。

Legend of the Mara

"Legend of the Mara"是 Yuga Labs 推出的一款基于 NFT 的卡牌类策略游戏。该游戏在 Otherside 和 Koda 系列的基础上，推出了名为"Mara"的全新系列，该系列可以演变成强大的 Kodamara。每个拥有土地 NFT 的玩家都可以领取一个 Vessel NFT。这些 NFT 经过选择不同的身份、策略进入游戏，通过游戏积累数值来完成升级、进化并最终获得游戏内外的奖励。

5. 音　乐

NFT 的历史可以追溯到 2017 年，当时一些艺术家开始将数字艺术品转化为独特的 NFT，并通过区块链技术进行销售。然而，直到最近几年，NFT 才在音乐领域开始引起广泛关注。2020 年和 2021 年，一些知名音乐人和艺术家尝试发行 NFT，引发了一股 NFT 音乐热潮，这些音乐人包括 Grimes、Kings of Leon 等。

音乐人和艺术家可以通过发行 NFT 来销售独特的音乐作品、专辑或歌曲，这些 NFT 包含音频文件、艺术品、歌词、专辑封面等附加内容，使其成为独特的数字收藏品；NFT 可以用于音乐票务，艺术家可以发行 NFT 门票，粉丝可以购买并在演出或音乐会上使用这些 NFT 门票，同时解锁特殊的定制福利体验；NFT 还可以用于音乐授权和版权管理，艺术家可以通过 NFT 来确保他们的作品得到适当的授权和报酬。

今天，音乐 NFT 已经逐渐形成完整的产业链，图 1.6 给出了一份音乐 NFT 生态版图，从图中可以发现 NFT 已经渗透到音乐的创作、运营、交易、交付等各个环节。

6. 元宇宙

NFT 在元宇宙方面的应用正在迅速发展，为虚拟世界的创造、交易和所有权证明提供了新的机会和可能性。元宇宙是一个虚拟的数字世界，由多个互连的虚拟现实和增强现实环境组成，NFT 则成为其中串联各种应用、盘活虚拟世界的重要武器。

@Cooopahtroopa策划　　　❊ Nicogs设计

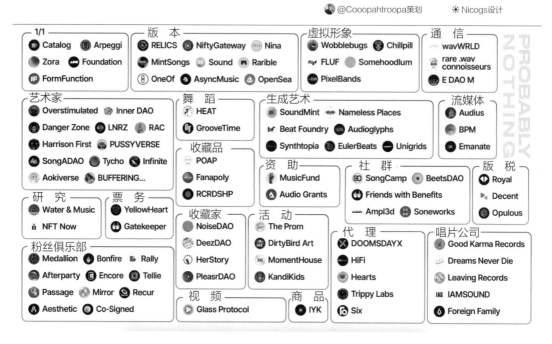

图 1.6　音乐 NFT 生态版图（来源：Cooopahtroopa）

虚拟地产

NFT 可以用于购买、拥有和交易虚拟地产。在元宇宙中，虚拟地产是一种数字化的土地或房产，NFT 可以用于建设、经营和交易虚拟世界中的场景和建筑物。NFT 作为虚拟地产的所有权证明，使得虚拟地产的交易更加透明和安全。

虚拟物品和艺术品

NFT 可以用于购买、拥有和交易虚拟物品和艺术品。在元宇宙中，虚拟物品可以是数字化的服装、配饰、武器等，而虚拟艺术品可以是数字化的绘画、雕塑、音乐等。

虚拟身份和角色

NFT 可以用于创建、拥有和交易虚拟身份和角色。在元宇宙中，虚拟身份和角色是玩家在游戏或虚拟社交平台中的数字化代表。NFT 作为虚拟身份和角色的所有权证明，使玩家可以在不同虚拟环境中保持一致的虚拟身份和角色。

▌虚拟经济和交易

NFT 可以用于构建和管理虚拟经济系统。在元宇宙中，虚拟经济是由虚拟货币和虚拟商品组成的经济体系，玩家可以通过交易和参与活动来获取虚拟货币和虚拟商品。NFT 作为虚拟商品的所有权证明，使得虚拟经济的交易更加透明和可追溯。

除上述几个大类之外，在垂直应用层还有数不清的小分类，这些应用构成了丰富、繁荣的 NFT 世界，给用户提供了多样化的选择。我们梳理了这一层的主要内容，得到更加清晰简洁的垂直应用层结构图（图 1.7）。

图 1.7　NFT 生态层级堆栈之垂直应用层

1.1.3　衍生应用层

在垂直应用层产生了大量的 NFT 应用，随着这些应用的横向、纵向发展，逐渐产生许多衍生的新业态，这些业态慢慢构成了附着于基础应用层之上的一个新的层级——衍生应用层，这些衍生应用可以是艺术品策展、虚拟地产开发、游戏道具交易、金融衍生品等。

在衍生应用层中，各种不同类型的 NFT 应用相互交织，形成一个更加复杂和多样化的生态系统。这些应用相互连接和互动，为用户提供更加丰富的体验和价值。它们的出现为 NFT 生态系统带来了更多的创新和可能性。

按照生态繁荣程度，将这一层级划分成 3 个大的衍生应用方向，分别是交易衍生、艺术衍生、游戏衍生。交易衍生是围绕 NFT 交易的应用，包括交易、借贷、合约、指数、碎片化等，它们为 NFT 的价值流动提供基础性服务；艺术衍生是服务庞大的艺术类 NFT 和艺术家的衍生，包括策展、数字艺术生成、在线展览、艺术家 DAO 等；游戏衍生则是服务游戏和游戏玩家的衍生，包括游戏内道具交易、虚拟世界开发、游戏公会等。

1. 交易衍生

▎ NFTFi

NFTFi 是非同质化代币（NFT）领域的一个相对较新的概念，它将 NFT 的特点与去中心化金融（DeFi）相结合。NFTFi 的实际用途非常多样化，主要应用有 3 个大的分类：直接交易，比如 NFT 的交易市场、聚合交易、自动做市商服务等；间接交易，主要指的是通过对 NFT 进行一系列的操作使其获得更多的金融类服务，如借贷、租赁、众筹、征信等；金融衍生，包括利用 NFT 市场进行金融创新，如指数、基金、合约期货等。

对 NFT 所有者和创作者来说，NFTFi 提供了在多重环境下将 NFT 价值最大化的机会。他们可以直接把 NFT 作为商品进行交易，或者是将其作为抵押物以获得贷款并继续从其资产的潜在升值中受益。

▎ OpenSea 与 Blur

OpenSea 和 Blur 是两个在全球范围内广受欢迎的 NFT 交易市场，它们各自具有独特的功能特点，对 NFT 交易市场产生了深远影响。OpenSea 主要吸引零售买家，而 Blur 则是以吸引专业交易者而出名。

OpenSea 是全球最大的 NFT 交易市场，用户可以在这里创建、交易、购买和销售 NFT。它支持交易各种的类型 NFT，包括数字艺术品、音乐、游戏内的资产等，拥有超过 150 万个活跃交易账户。内容创作者也可以使用 OpenSea 创建 NFT 并上架销售、拍卖自己的作品，所有操作都是基于智能合约完成的，无须平台介入。

Blur 是一个面向高级和专业 NFT 交易者的 NFT 交易市场。它拥有投资组合分析工具、市场聚合和更快的批量购买等更加专业的功能。另外，Blur 通过其独特的流动性挖矿策略和忠诚度积分系统，在 NFT 市场中脱颖而出。Blur 不收取交易费，在这方面相对于 OpenSea 来说具有绝对优势。

除上述两个交易市场之外，NFT 还有很多交易市场（图 1.8），有的是垂直交易市场，比如专注于艺术品交易的 SuperRare、交易 NBA 卡牌的 NBA

TopShot、域名交易市场 ens.vision 等；有的是聚合交易市场，比如 X2Y2、LooksRare 等；还有一些是自动做市商的交易市场，如 sudoswap、NFTx 等。

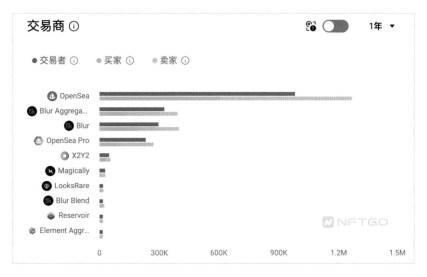

图 1.8　NFT 交易市场排名（来源：NFTGo）

BendDAO 与 ParaX

NFT 借贷是指将 NFT 作为抵押物，从金融机构或借贷平台借款的过程。这种借贷模式为 NFT 所有者提供了一种将数字资产转化为流动资金的方式，无须出售 NFT。与传统金融机构相比，NFT 借贷通常具有更高的效率和更快的处理时间。借贷平台利用区块链技术和智能合约，实现自动化的借贷过程，减少了烦琐的手续和中介环节。借贷平台通常会对抵押的 NFT 进行评估和风险管理，以确保借贷交易的安全性和可靠性，包括评估 NFT 的价值、确定借款金额和制定适当的利率及还款期限，在这个领域处于领先地位的服务是由 BendDAO 和 ParaX 提供的。

BendDAO 是第一个基于去中心化的 NFT 流动性协议，支持 NFT 即时抵押贷款、抵押品挂单和 NFT 首付购。首付、借款和挂单的无缝体验为用户创造了一个完整的交易闭环，是一站式 NFT 流动性解决方案。BendDAO 同时也是一个社区驱动的典型 Web3 项目，通过治理通证决策产品功能和利率调整。截至 2023 年 11 月，这个协议已经平稳运行了 600 余天，协议锁定的抵押品总价值超过 8500 万美元。

ParaX 是一个跨协议的综合流动性协议，用户可以选择更加多样性的 NFT 金

融产品，比如基于点对点协议、点对池协议的抵押借贷方式。ParaX 支持更多公链协议，让各个协议的 NFT 和其他资产可以组成被称为"全仓杠杆"的抵押物，以此来获得更大的借贷信用。截至 2023 年 11 月，基于 ParaX 协议有超过 4000 个 NFT 被质押，平台整体资产价值 7200 万美元，累计放款 1500 万美元。

▌Partybid

蓝筹类的 NFT 通常价格比较昂贵，普通用户难以企及，于是就出现了类似 Partybid 这样提供众筹购买、集体治理以及碎片化权益的服务协议。Partybid 是一个运行在以太坊的社区资产管理协议，通过它可以快速发起一个 NFT 众筹活动，即便是不认识的人也可以加入并根据自己的份额凭证参与后续的治理。

2022 年 9 月，Partybid 获得 Web3 顶级风投机构 a16z 领投的 1640 万美元投资，由此，Partybid 成为这个细分领域的领头羊。目前，平台已经进行了超过 1 万次众筹活动，参与的总金额突破了 2000 万美元。

▌Flooring Protocol

Flooring Protocol 是由 NFT OG 级玩家 FreeLunchCapital 创建的 NFT 流动性解决方案，旨在通过 NFT 碎片化来极大提升 NFT 的流动性。NFT 作为不可拆分的资产，流动性一直是困扰市场的一个痛点，将 NFT 进行碎片化的探索早在 2020 年就开始了，但市场一直没找到好的解决方案。2021 年，Paradigm 领投了 NFT 碎片化协议 Fractional（后更名为 Tessera）的 200 万美元种子轮融资，Tessera 经营到 2023 年正式关闭。

Flooring Protocol 创建了一个新的模式，试图通过以下几个特性解决 NFT 的流动性问题：$FLC、μ 通证（μToken）、国库（Vault）、NFT 随机赎回（Redemption）、保险箱（Safebox）、流动性挖矿和 VIP 分级。他们将用户存入的 NFT 资产碎片化为 100 万个对应的 μToken，碎片化后的 μToken 存在放弃 NFT 所有权和保留 NFT 所有权两种情况，用户可灵活选择。

如果选择放弃 NFT 所有权，则直接将 NFT 放入一个叫 Vault 的地方，领取 μToken 后就能自由交易任意数量的通证了，比如你可以选择卖掉一半 μToken，相当于卖掉一半的 NFT。如果选择保留 NFT 所有权，则需要将 NFT 放入一个叫 Safebox 的地方，同时选择存放的时长并抵押对应数量的平台通证 μToken，获得存入的证明——Safebox Key，如果你想取回自己的 NFT 则需要销毁同数量的 μToken 并验证 Safebox Key。

NFT Prep

NFT 巨大的商业潜力引起了很多传统金融机构、交易员的重视，虽然 NFT 的流动性、合规性都比较差，但市场还是出现了一些基于 NFT 的衍生品，比如指数、期权、永续合约等，一旦 NFT 市场成熟，那么其衍生品在未来肯定会面临指数级增长。在当前的 NFT 市场中，蓝筹类 NFT 的价格波动较大且投资门槛过高，一般人难以进入。因此，这些衍生品平台试图通过提供创新服务，使投资者能够预测并对冲一些知名项目（如 CryptoPunks、Bored Ape Yacht Club、Doodles 等）的地板价格。

NFT Prep 是一个部署在 Arbitrum 上、专门为 NFT 地板价打造的永续合约系统，采用 vAMM（虚拟自动做市商）机制。vAMM 是一种算法，它可以自动调整流动性池中的价格，以便在没有订单簿的情况下进行交易。这种机制可以提高市场的流动性和效率。NFT Prep 部署在 Arbitrum 上，意味着在 Arbitrum 上进行交易可以实现更快的确认时间和更低的交易费用。永续合约是一种在加密货币市场中常见的金融衍生品，它允许投资者买入或卖出某个资产的未来价格，而无须实际拥有该资产。这种机制使得投资者可以利用市场的波动来获取收益，同时也可以对冲风险。

注意，这个系统还在发展中，投资者在使用这个平台时应该谨慎，并确保充分理解相关风险。

2. 艺术衍生

艺术与 NFT 的结合是一种新兴现象，它将传统的艺术创作与现代的区块链技术相结合，为艺术创作和交易提供新的可能性，生成艺术成为最流行的数字艺术。围绕艺术 NFT 生态，衍生出一系列生态服务，包括生产工具、展示、策展、交易等。画家、音乐人、装置艺术家、设计师、代码艺术家聚集在艺术衍生领域，让艺术 NFT 生态日趋繁荣。

艺术与 NFT 的结合，就像打开了一扇通往新世界的大门，让艺术家有了更多的可能性。这种结合不仅赋予了 NFT 丰富的文化、审美和价值属性，而且通过智能

合约技术，清晰地标示了艺术品的相关权利内容、历史交易流转信息等。这意味着艺术品收藏已经能够在线上运作并向全球范围内的艺术家开放。

从理论上讲，NFT可以产生收入的即时性可能会为大量创意者，尤其是那些没有特权的创意者开启一波机会浪潮。因此，艺术与NFT的结合所涌现出来的大量衍生应用或服务，对于推动艺术创新、扩大艺术市场、保护艺术家权益等方面具有重要意义。

Art Blocks

很多人容易把Art Blocks误认为是某个具体的NFT，实际上并不完全正确，它是一个构建在以太坊，致力于将当代生成艺术带入生活的平台，可生产、销售和存储各种生成式艺术类NFT。

Art Blocks的核心是生成艺术，这是一种艺术形式，利用算法来创建图像。在Art Blocks平台上，艺术家会创建一个可以生成艺术作品的程序，然后将这个程序上传到区块链。当收藏家购买一件艺术作品时，他们实际上是在运行这个程序，生成一个艺术作品。Art Blocks平台上的每一件艺术作品都是独一无二的，也就是说，即使两件作品来自同一个项目，它们也可能看起来完全不同，这种独特性使得每一件Art Blocks艺术作品都具有稀缺性和价值。

Art Blocks不仅是一个购买和销售艺术作品的平台，它还是一个社区。在这个社区中，艺术家、收藏家和爱好者可以相互交流，分享他们对生成艺术的热爱和理解，这种社区精神使得Art Blocks成为推动生成艺术发展的重要力量。

Oncyber

现实世界里人们通常走入博物馆、画廊去欣赏、购买艺术作品，在区块链的世界里也存在同样的服务，NFT画廊就是一种常见的衍生服务。NFT画廊允许用户浏览、查看和购买NFT，这些画廊通常展示各种NFT，包括数字艺术品、收藏品和其他类型的数字资产。一些NFT画廊还提供拍卖等功能，用户可以在拍卖中对NFT进行竞价，或者在交易市场直接买卖NFT。

NFT画廊通常专注于特定类型的NFT，例如，数字艺术品或收藏品，并且可能会展示特定艺术家或艺术家群体的作品。许多NFT画廊还为艺术家和收藏家提供资源和工具，帮助他们了解NFT市场，以及创建和销售自己的NFT，Oncyber就是其中的佼佼者。

Oncyber 是一个"创作者的元宇宙",艺术家和收藏家可以在沉浸式的虚拟 NFT 艺术画廊中展示他们的数字艺术品。其易于使用的用户界面让用户可以轻松连接加密钱包、导入 NFT 以及制作个性化的虚拟画廊。此外,Oncyber 还提供参观新兴数字艺术家 NFT 画廊的 3D/VR 体验。Oncyber 上的 NFT 艺术画廊对于迫不及待想要投入元宇宙的 NFT 爱好者来说是一个极具创意的乌托邦。

Oncyber 提供了新的 NFT 画廊开发工具,它为开发人员提供了三个充满创意的探索选项以及元宇宙模板,使得开发人员能够从头开始构建服务。用户只需一分钟,点击两次鼠标就可以连接以太坊钱包并获取可以放入画廊的 NFT。一旦对自己的画廊感到满意,用户就可以免费与任何人分享他的画廊。

JPG.space

随着 NFT 迅速扩散并充斥数字空间,管理变得至关重要。策展涉及对艺术作品的精心选择和呈现,以创造一个有审美和意义的收藏。在 NFT 世界,任何人都可以创作并上架他们的数字艺术作品,有效的策展可以帮助艺术爱好者更好地发现值得关注的作品。策展不只是将各种 NFT 随机组合在一起,它的目标是创造一个将艺术品联系在一起的叙事或主题,为观众带来身临其境的体验,精心策划的 NFT 系列可以唤起情感,引发思考及对话。

JPG.space 推出了一个策展的注册表(TCR)系统,该系统有望成为首个社区开源的公共产品。TCR 系统使用基于 NFT 的投票来创建和管理高质量的去中心化的 NFT 列表。发起策展的用户必须提供标题、描述、标准和三个潜在的 NFT 系列来开启这个过程。策展会有一个提案周期,其他社区成员可以提出合适的收藏品或个人 NFT,并对其他人提交的 NFT 进行投票。

目前 JPG.space 已与 Zora V3 集成,这意味着用户可以购买展览中在 Zora V3 上有公开卖单的任何 NFT 艺术品。系统设置了自动收益分配机制,也就是说,一个策展人策划的展览作品有交易发生,他可以自动获得特许的策展费用,这些都由智能合约自动完成,无须平台介入。

3. 游戏衍生

NFT 为游戏开发者提供了一种全新的方式来创建和分发虚拟物品。在传统游戏中,虚拟物品通常仅存在于游戏内部,玩家无法真正拥有它们。但是,借助

NFT 技术，虚拟物品可以成为真正的稀缺数字资产，玩家可以拥有并自由交易虚拟物品。例如，虚拟游戏中的武器、护甲、皮肤等可以被设计成 NFT，玩家能够在游戏内外拥有这些虚拟物品。这不仅为玩家带来了更多的控制权，还为游戏开发者提供了新的赢利机会，因为他们可以从每笔 NFT 交易中获得一部分收入。

NFT 还可以用来构建游戏内部经济系统，使游戏更具深度和现实感。游戏中的虚拟货币、土地、房屋等都可以被设计成 NFT，使其具有真实的价值。这意味着玩家可以在游戏内外交易这些资产，创造一个与现实世界更为接近的游戏经济系统。NFT 还可以促进不同游戏之间的互通性。玩家可以拥有跨多个游戏的 NFT，这些 NFT 可以在不同游戏之间使用，也就是说，在一个游戏中获得的虚拟物品可以在另一个游戏中发挥作用，为跨游戏的社交互动和协作创造了新机会。

在繁荣的游戏类 NFT 之外，围绕游戏衍生的众多服务也成为重要的生态组成部分，这些服务包括游戏引擎、交易市场、虚拟世界和游戏公会等。

Loot

Loot 是一款开创性的 NFT 游戏引擎，于 2021 年由游戏开发者 Dom Hofmann 创建。与传统游戏不同，Loot 的核心概念是将游戏内容与 NFT 技术相结合，创建一个开放式的游戏世界，其中所有游戏物品都以 NFT 的形式存在。这意味着 Loot 游戏中的每件物品，无论是武器、护甲还是其他道具，都是唯一的、稀缺的数字资产。

与传统游戏不同，Loot 没有固定的游戏世界观或故事情节。相反，它提供了一系列 NFT 物品，供玩家和开发者自由创作和组合。这为玩家创造自己的故事、世界观和游戏机制提供了广泛的可能性。Loot 的开放性意味着玩家和开发者可以自由创作、定制和组合物品，创造出新的游戏体验。这种自由性不仅提供了更多的创造力，还促进了社区的合作和互动，玩家可以交流和分享他们的创作成果。

Loot 这种设计让游戏资产具有稀缺性，稀缺性又激发了玩家的竞争欲望和收藏欲望，使他们愿意为了获取特定物品而付出更高的价格。这一现象在 NFT 市场尤为明显，一些稀有的 Loot 物品以数百万美元的价格售出，为玩家和收藏家带来了巨大的收益。

Immutable X

Immutable X 是一种 Layer 2 区块链技术，专门为 NFT 和数字资产的交易而设计。它构建在以太坊区块链上，以提供高度可扩展、无手续费、安全的交易解决方案，为 NFT 市场和以 NFT 为内核的游戏行业带来了深远的影响。

在传统 NFT 市场中，交易往往需要等待区块链确认，而在 Immutable X 上，交易是即时完成的，提升了 NFT 市场的效率，使 NFT 更易于交易和流通。在以 NFT 为核心的游戏中，玩家可以更快速地买卖虚拟物品，创造更多的交互和市场机会。Immutable X 采用 zk-rollup 技术，将所有交易汇总到以太坊区块链上的一个智能合同中，以确保交易的不可逆性和安全性。这对于 NFT 游戏行业尤为重要，因为虚拟物品的价值可能非常高，需要高度安全性来保护玩家的资产。

Immutable X 的核心产品是去中心化 NFT 交易平台，包括 Immutable X Marketplace 和 Immutable X Mint。Immutable X Marketplace 是一个市场平台，允许游戏玩家买卖 NFT，而 Immutable X Mint 允许用户发行自己的 NFT。另外，Immutable X 还与多个游戏开发者和 NFT 项目合作，将其技术集成到各种以 NFT 为核心的游戏中，为玩家提供更好的交易体验。

虽然 Immutable X 提供了高效的 Layer 2 解决方案，但它仍然保持了去中心化的原则。用户仍然拥有自己的私钥，可以保持对其资产的完全控制。这符合 Web3 的核心理念，即去中心化和用户主权，为玩家提供更多的自由和控制权。

Sandbox

Sandbox 是一个虚拟世界的游戏宇宙，其中一切都是 NFT。这个游戏宇宙建立在以太坊区块链上，为游戏开发者和玩家提供了一个开放的创作和互动平台。Sandbox 的核心理念是创造一个充满创造力和自由的虚拟世界，玩家和开发者可以在其中建立游戏、进行社交互动，等等。这个宇宙规模庞大，每个玩家都可以在其中找到自己的创作空间和机会。

Sandbox 提供了一套工具和引擎，使游戏开发者能够轻松创建游戏和互动体验，他们可以编写自定义代码、设计游戏机制、创建任务和挑战，为玩家提供富有创意的游戏体验。VoxEdit 是 Sandbox 的 3D 建模工具，是专门为游戏开发者和创作者设计的。它允许用户轻松地创建 3D 模型、角色、道具和环境，从简单的方块模型到复杂的虚拟场景。VoxEdit 支持各种创作风格，使游戏开发者能够设计独特的虚拟资产，以供在 Sandbox 中使用。游戏开发者可以将他们在游戏中创建的资产转化为 NFT，并在 Sandbox 内外市场进行销售。这意味着他们可以从游戏中获得收入，同时也为玩家提供了购买这些资产的机会，以增强游戏体验。

除此之外，Sandbox 还提供了软件开发工具包（SDK）和应用程序编程接口（API），允许开发者通过 Sandbox 平台集成和扩展游戏功能。这些工具为开发者提供了更大的自定义空间和灵活性，使他们能够创建与 Sandbox 平台集成的应用程序、工具和服务。通过 SDK 和 API，开发者可以实现各种创新的功能，例如，虚拟社交网络、任务系统、多人游戏功能等，从而丰富整个游戏生态系统。

Sandbox 已经吸引了一些名人和知名品牌入驻，合作开发虚拟世界、游戏、虚拟资产等内容。美国知名说唱歌手和音乐制作人 Snoop Dogg、加拿大电子音乐制作人 Deadmau5、美剧《行尸走肉》、游戏《过山车大亨》等都已经合作入驻。奢侈品品牌古驰（Gucci）在 Sandbox 中购买了虚拟地块，策划灵感来自著名的实验性在线空间 Gucci Vault。

YGG

YGG（Yield Guild Games）是 NFT 游戏领域知名的游戏公会，致力于将其成员（也称为 Scholars）聚集在一起，共同参与 NFT 游戏并赚取收入。YGG 的社区成员可以玩各种 NFT 游戏，获得游戏内资产，将 NFT 资产出租给其他玩家，或者参与游戏内经济系统。

YGG 支持多个 NFT 游戏，包括 Axie Infinity、Zed Run、The Sandbox 等。成员可以选择他们感兴趣的游戏，并将 NFT 资产租赁给其他玩家，从中获得稳定的收入。YGG 会为成员提供培训和支持，帮助他们了解游戏规则和租赁策略，协助他们管理 NFT 资产。

YGG 成立于菲律宾，目前已经覆盖全球 9 个区域，包括亚洲、拉丁美洲、东欧等地区。他们已经与 80 多个区块链游戏和基础设施项目建立了合作伙伴关系，目前取得了 3000 多项奖励。

1.1.4 聚合接入层

NFT 在 2022 年大暴发，几乎每天都有上万个 NFT 在各区块链上被铸造、交易、销毁，一时间非常繁荣。欧易交易平台统计收录了 2 320 568 个 NFT 合集和 858 521 177 个 NFT，海量的 NFT 催生了一些 NFT 聚合器，它们的运作方式通常是将不同 NFT 项目和 NFT 资产信息汇总到一个易于浏览和搜索的平台上。用户可以在这些平台上浏览和筛选 NFT，查看项目的详细信息、历史价格和交易数据，以便更好地了解市场。一些 NFT 聚合器还允许用户在平台上购买和出售 NFT，提供了更便捷的交易体验。

除了常规意义上的聚合服务，市场上还出现了提供 NFT 数据追踪、媒体资讯、个性化定制等服务的 NFT 数据服务。NFT 数据服务是 NFT 市场的重要组成部分，它提供有关 NFT 市场的信息，帮助用户更好地理解市场和管理 NFT 投资。数据服务有助于推动 NFT 市场发展，增加用户信心，同时提供了更多的透明度和智能决策的机会。NFT 媒体服务是专门为 NFT 市场和 NFT 所有者提供信息、报道和内容的在线平台，服务目标是为用户提供有关 NFT 项目、数字艺术、虚拟地产、游戏道具等相关主题的新闻、分析、教育和创意内容。

这些聚合服务是用户通向 NFT 世界的重要通道，所以统一整理分类到聚合接入层。

Zapper

Zapper 是一个加密资产聚合器平台，最初专注于为 DeFi（去中心化金融）和加密投资者服务，后来扩展到 NFT 领域。Zapper 的目标是帮助用户管理和优化他们的数字资产投资组合。针对 NFT，Zapper 提供了 NFT 视图，让用户轻松查看其 NFT 收藏的价值、详情和历史价格，有助于用户更好地了解其 NFT 资产。它还允许用户将 NFT 用作流动性挖矿资产，将 NFT 投资与 DeFi 流动性池技术相结合，让用户从自己的 NFT 里获得奖励。

访问 Zapper 网站后，用户需要将加密钱包连接到 Zapper 平台。Zapper 支持多个区块链，包括以太坊、Binance Smart Chain、Polygon 等。用户可以选择他们使用的钱包，例如 MetaMask、Trust Wallet 或其他钱包应用程序，并将其与 Zapper 账户关联，这通常需要在钱包应用程序中授权 Zapper 以访问钱包数据。

一旦钱包连接成功，用户便可以在 Zapper 平台查看其数字资产，如果用户拥有 NFT，可以单击 NFT 选项卡，查看其 NFT 收藏。在 NFT 视图中，用户可以看到 NFT 的详细信息，包括名称、描述、当前所有者、历史价格和当前价格。

这种一站式聚合服务极大地提升了用户管理 NFT 的效率,用户不仅可以方便地管理自己的资产,还可以由此快速获得整个 NFT 市场的信息,尤其是交易信息,为决策做辅助。Zapper 针对 NFT 用户提供了大量的教育内容和社区支持,即便是新手也很容易上手。

RabbitHole

RabbitHole 是一个建立在以太坊区块链上的积分和教育平台,旨在鼓励用户积极参与 NFT 生态系统,并提供了一种有趣的方式帮助用户了解和投入 NFT 世界。该平台的核心使命之一是将 NFT 的价值引入更广泛的用户群体,而不仅仅是那些已经精通区块链和加密资产的人。

RabbitHole 的运作方式也非常简单,用户在平台上可以选择完成各种任务,例如,持有特定的 NFT、加入社交媒体群组、参与 NFT 项目的社区活动等。根据用户完成的任务数量和难度,他们将获得 RabbitHole 平台的积分。这些积分不仅是一种数字徽章,也可以兑换成 NFT、代币或其他奖励。RabbitHole 的生态系统由任务创建者、任务完成者和 NFT 发行者组成。任务创建者是 NFT 项目和平台,他们可以在 RabbitHole 上发布任务,吸引用户参与;任务完成者是 RabbitHole 社区的成员,他们参与任务并获得积分和奖励;NFT 发行者是 NFT 项目的创作者,他们可以在 RabbitHole 上提供自己的 NFT 作品作为奖励。

RabbitHole 在 NFT 教育方面也发挥了重要作用。通过完成平台上的任务,用户可以学到有关 NFT 的重要知识,包括如何购买、存储和交易 NFT。

NFTGo

庞大的 NFT 市场需要大数据支撑,NFTGo 就是这个领域的领先服务商。作为一站式 NFT 分析和交易平台,NFTGo 帮助用户轻松发现、分析、交易和跟踪 NFT 投资组合,最终带来更高的赢利能力。NFTGo 提供了一整套强大的工具,包括实时 NFT 市场分析、交易聚合器、NFT API、投资组合跟踪等。

NFTGo 平台为所有社区、机构、DAO 组织和个人开发者提供全面、可靠、强大的 NFT 基础设施和数据服务。用户不用自己搭建服务器节点,编写代码就可以轻松访问 NFT 的相关信息,比如所有者、价格、交易明细等,利用 GoTradings.js 工具还可以实现批量交易 NFT 的功能。

NFTGo 不仅提供了 NFT 市场的宏观信息，还提供了许多非常实用的工具。鲸鱼追踪工具可以帮助用户跟踪 NFT 交易市场里的机构或顶级交易者行为，比如交易、铸造、转移，并设置及时提醒。GoPricing 是一个基于机器算法的智能 NFT 价格预估器，与预言机不同，这个工具可以通过 NFT 的属性稀缺度、市场交易数据、社交媒体热度等大数据对 NFT 进行估值。

1.2 比特币、区块链与 NFT

前面的内容可以让我们绕开先下定义再论述的俗套，一览 NFT 生态，先知道有什么，再来探讨是什么。了解了 NFT 的 4 个层级生态以及典型应用，现在已经有了一张清晰的 NFT 全景生态图，这个图就是我们正式开始的基础。如果在后续内容里有任何疑惑，都可以回到 1.1 节再次复习，此刻，让我们深入一步，去探讨 NFT 到底是什么。

回到 NFT 的定义，它是几个英文单词 Non-Fungible Token（非同质化通证）的首字母缩写。对于 NFT 的定义，我们需要分别在中文语境和英文语境来理解，因为作为舶来品，NFT 的翻译在不同语境会发生细微的变化，这些变化也引发了很多误解甚至是敌视。作为入门科普图书，我们试图用最简洁、最贴近本源的方式来介绍 NFT 的定义。

看到 Non-Fungible Token（非同质化通证）一定会联想到 Fungible Token（同质化通证），所以我们先来解答第一个疑惑，什么是同质化和非同质化，然后再介绍什么是通证。

1.2.1 同质化与非同质化

1. 同质化

同质化，顾名思义，就是一样的、一致的。在现实世界，你有一张 100 元人民币，我有一张 100 元人民币，我们是可以相互交换的，交换的价值都是 100 元，双方都不会觉得不对等（图 1.9）。人民币还可以继续分割下去，比如 100 元人民币可以换两张 50 元，只要面值是 50 元，并不会在乎具体是哪两张 50 元纸币。回到数字世界里也一样，我们通过微信、支付宝等数字支付工具转账和付款，A 向 B 借款 1 万元，几天后 A 向 B 偿还 1 万元，在本质上是一样的。也就是说，同质化的东西具有相同的价值和属性，可以一对一交换，就像传统货币一样。

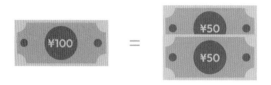

图 1.9　100 元交换 100 元场景

以货币为例，总结同质化的特点如下：

可互相替代性

每个同质化物品都可以替代其他同种类的物品，因为它们具有相同的价值和属性。例如，有一张 100 元纸币，它可以以相同的价值交换另一张 100 元纸币。

可分割性

同质化物品通常是可分割的，也就是说，可以将它们细分成更小的单位，以适应不同的交易需求。面值 100 元的人民币可以分割成 50 元、20 元、10 元甚至更小的单位。

价格稳定

由于同质化物品的可互相替代性，通常具有相对稳定的价格，受市场供需关系的影响较小，这使得同质化物品可以作为一种理想的储值和交易工具。

2. 非同质化

德国哲学家莱布尼茨说过，"世上没有两片完全相同的树叶"，这似乎也说明世界上并不存在绝对意义上的同质化，怎么理解？还是以上面提到的货币为例，两张 100 元人民币虽然在面值上是相等的，但每张纸币的编号、新旧程度、流转路径甚至是版本都不一样。

换个例子，每一个住宅小区都有相同户型的房子，在很多方面是同质化的，但户主绝不会轻易交换（图 1.10），为什么？因为每套房子有自己独特的小区位置、楼层、采光甚至是邻里关系。珠宝钻石也一样，即便是同一个矿、同一批次出产的钻石，因为构造、切工和品牌的不同，价格上也会存在巨大的差异。房子和珠宝，这些都是典型的非同质化物品，它们有着看似一致，实则大不相同的属性。

图 1.10　一个房子不愿意交换另外一个房子

以此推论，非同质化物品通常具有以下特点：

独一无二性

每个非同质化物品都有独特的属性，使它们不同于其他物品。这些属性包括各种维度的差异性，比如时间、位置、数量、介入机构或人等。因此，每个非同质化物品都代表一种独特的资产。

不可替代性

非同质化物品无法互相替代，因为它们代表的是不同的物品。这使得每个非同质化物品都有自己的价值，无法像同质化物品那样进行简单的、对等的一对一交换。

不可分割性

通常情况下，非同质化物品是不可分割的，它们不能被细分成更小的单位。每个非同质化物品本身就是一个完整的资产，它的属性是独一无二的，只存在"有"和"没有"，无法被分割和替换。

通过同质化和非同质化的对比（图 1.11），我们理解了 NFT 的一个重要属性——非同质化，也就是说 NFT 是一种单体独一无二的、不可替代的、不可分割的物品。这种非同质化属性，让 NFT 具有稀缺性、独特性，再叠加许多区块链赋予的新属性，使得 NFT 产生暴发式的增长，成为现象级的新应用。

同质化	非同质化
$1 = $1	🐶 ≠ 🐱
♦ = ♦	🎟 ≠ 🎟
₿ = ₿	🏠 ≠ 🏠

图 1.11 同质化和非同质化对比

NFT 是一种数字资产，与其他数字资产不同，每个 NFT 都具有独一无二的价值，无法互相替代。这使得 NFT 成为数字艺术品、收藏品和虚拟资产的理想选择。每个 NFT 都有独特的属性，可以代表任何虚拟世界或现实世界的资产，这一特性使得在虚拟世界中拥有和交易 NFT 变得可能。

1.2.2 Token、代币和通证

同质化和非同质化只解释了 NFT 的属性，并没有解释它具体是什么。进一步来说，NFT 是一种 Token，中文被翻译成"代币""令牌""通证"，因此，有很多人把 NFT 翻译成"非同质化代币"或者"非同质化通证"。这里需要重点强调"Token""代币"和"通证"的差异。

"代币"通常重点关注的是"币"，它极易与"货币"产生联想。事实上，在数字世界的确存在很多充当货币替代品的所谓"代币"，比如数字人民币、数字欧元、数字美元。这些代币最大的特点是可以和现实世界的货币一样自由流通且由一个中央机构发行、管理，具有同等的金融属性、货币属性和价值。

"Token"一词主要出现在互联网和区块链，真正的含义是一个网络的"通行证"或者叫作"令牌"。也就是说，Token 是网络服务中验证某种身份、条件的东西，比如在区块链发行一个 Token，用于某个社区成员的身份验证、接入程序的条件验证、进入某些网络的权益验证等。2017 年，国内学者把"Token"翻译成"通证"，代表可以流通的加密数字权益证明，让我们真正把代币和 Token 区分开来。

理解了"代币""Token"和"通证"之后，我们代入 NFT 的特性会发现一个奇怪的现象，即 NFT 既不是"代币"，也不是"Token"。

如果作为"代币"，那么 NFT 应该具备货币的金融属性，可以被分割和交换，显然，NFT 不具备这些属性。无法用 NFT 来"买"东西，也没办法用 NFT 来"兑换"另外的商品，也就是说，NFT 无法作为交易的媒介和价值尺度，称 NFT 是"代币"绝对是错误的解读，由此可知，把 NFT 的原始用词 Non-Fungible Token 翻译成"非同质化代币"是不合适的。

Non-Fungible Token 对应的是 Fungible Token，也就是常说的同质化通证，比如，比特币、以太币等，所以从这个角度来看，NFT 也不是"Token"（或者叫通证），只能说极少部分的 NFT 具有"Token""通证"的属性。为什么会出现这种情况？其实是因为 NFT 产生早于 Fungible Token，但一直没有一个固定的称谓，也没有形成一个体系化的、生态化的系统。直到比特币和区块链的出现，NFT 才如虎添翼，把稀缺、确权、流通完美融合出现在大众视野。为了便于记忆和理解，Non-Fungible Token 这个称谓广为流传。

抽丝剥茧、咬文嚼字之后，我们理解的 NFT 其实更接近一种运行在区块链的数字商品而非代币或通证。它和水浒卡、球星卡一样具有收藏品、商品的属性，再叠加区块链的属性，让 NFT 形成丰富的生态系统。

约定俗成，本书依然把 NFT 翻译成"非同质化通证"，但上述解释可以帮助我们更好地理解 NFT，其中的细微差别后续会引起巨大的社会政策和市场交易反馈，后文会详细论述。

1.2.3 比特币与区块链

既然 NFT 是运行在区块链的数字资产，那么想更好地理解 NFT 必须先弄懂什么是区块链，而弄懂区块链的前提是先了解比特币，所以让我们再深入一个层级，窥探一下 NFT 的底层技术。别担心，这里没有复杂的技术代码和深奥难懂的密码学公式，我们尽可能用极简的语言概括比特币、区块链的含义，尤其是它们和 NFT 的关联。

比特币是一种加密数字通证，一个或一组使用"中本聪"作为化名的人或团队于 2008 年发布的白皮书论文中首次提出比特币。这篇论文的核心目的是解决一个数学难题，也就是如何在不借助中介机构的情况下，使用数学、密码学和计算机科学解决"双花"（Double Spending）问题。

什么是"双花"问题？我们知道，在现实世界，货币是不可被多次复制、使用的，也就是说，我们用 100 元货币买了一本书之后，这个钱就转移到了卖家手里，我们不能再用刚花掉的那张 100 元纸币再去消费，即"一笔钱不能花两次"。回到数字世界，这个情况就发生了巨大的变化，数据天然具有可复制性，这让数字世界的资产交换成为巨大难题。比如，我们用微信支付里的 100 元购买一本书，购买成功了，但系统出现 bug，并没有从钱包中扣除 100 元，就出现了"记账前双花"；同样，银行接口成功扣款 100 元，但此时有黑客攻击服务器删除了这笔交易记录，那么就出现了"记账后双花"。

在没有区块链的时候，我们如何解决这个难题？答案是引入中介机构，比如中央银行、支付中枢、数据节点等。这些中介机构负责记账、验证，保证交易的唯一性，避免出现重复花费的问题。但是，这个解决方案也存在巨大的隐患，即无法从根本上杜绝问题出现，黑客攻击、内部操作、系统故障等许多情况都可以攻破防护。

"中本聪"在 2008 年发表论文"Bitcoin：A Peer-to-Peer Electronic Cash System"，首次完整提出如何在不引入中介机构的情况下解决"双花"问题，即引入区块链（Blockchain）技术，设计时间戳和 UTXO 验证模型，并引入共识机制，如工作量证明（Proof of Work，PoW），比特币就是这个实验的具体产物。

区块链是一个去中心化、分布式的账本系统，它以区块（Block）的形式存储数据，并将这些区块接成一个不断增长的链条，每个区块包含一批交易记录，这些记录经过加密和验证后被添加到链条上，因此得名"区块链"。这个技术的核心思想是将数据分布式存储在许多计算机中，使得数据不依赖于单一实体的管理。这样的分布式账本使得每个节点都可以验证交易的有效性，从而防止"双花"问题的发生。有趣的是，"中本聪"在论文里并没有提到 BlockChain（区块链）这个单词，而只提到了 Block（区块）和 Chain（链），后人在实践过程中才将二者合二为一，于是才有了区块链这个说法。

理解区块链，只需抓住以下几个核心概念即可：

分布式账本

区块链的账本是由许多计算机（节点）维护的，而不是由单一中心化实体控制。每个节点都包含完整的账本副本，因此，任何人都可以访问和验证账本上的数据。

区　块

每个区块包含一批交易记录，这些记录被打包成一个区块，并经过时间戳和加密处理。每个区块还包含前一个区块的引用，从而形成链式结构。

去中心化

区块链不依赖于中心机构，没有单一点的故障。这使得数据不容易被篡改，从而提高了安全性和可信度。

共识机制

为了确保数据的一致性，区块链采用共识机制，如工作量证明（Proof of Work）或权益证明（Proof of Stake），这些机制要求所有节点达成一致才能添加新的区块。

不可篡改性

一旦数据被添加到区块链上，它几乎无法被修改或删除。这使得区块链上的交易记录非常安全，减少了欺诈风险。

具体到细节，区块链采用一种非常聪明的方法解决"双花"问题（图 1.12）。当你发起一笔交易时，这笔交易会被广播到整个比特币网络中的各个计算机节点。每个节点都会检查这笔交易是否合法，并确保你有足够的比特币来进行交易，而且这笔比特币以前没有被花过。

图 1.12　比特币解决"双花"问题

但是还有一个问题，如果两笔交易几乎同时到达不同的计算机节点，它们可能都会被认为是有效的。这时就需要一个方法来确定哪一笔交易是先到达的，于是，"中本聪"引入了时间戳的概念。当两笔交易几乎同时到达不同节点时，节点会检查哪一笔交易的时间戳更早，就像哪个选手先冲过终点线一样。只有先到达的那笔交易才会被确认，而另一笔将会被取消。

即使一笔交易被确认，也需要经过多个区块的确认，通常是 6 个或更多，才能被视为最终成功。这是为了确保交易安全，因为有时候，人们可能会试图欺骗系统。比特币网络采用一种聪明的方法来防止"双花"问题的发生，就像一场电子竞赛一样。这使得比特币成为一种安全的数字货币，适用于各种交易。不过要记住，绝大多数情况下，比特币的交易都是非常安全的，"双花"问题的发生概率非常低。

解决了交易确认问题，还缺乏一个广泛的共识机制，也就是说，需要确认一种系统内各个参与方都认可的模型，从而可以在没有中心化管理的情况下，自动自发地运转交易系统。于是，引入了工作量证明共识机制。

工作量证明是一种加密学和分布式系统技术，用于验证和保护分布式网络中的交易和数据。在比特币网络中，这一机制用来确保只有合法的交易被添加到区块链，同时阻止欺诈和滥用。

具体而言，工作量证明要求网络中的"矿工"（也就是运行比特币网络的计算机）执行一项难解的数学问题，称为哈希函数。这个问题非常复杂，需要强大的计算能力来解决。一旦"矿工"解决了这个问题，就可以创建一个新的区块，并将区块中包含的有效交易广播到整个网络，这个过程被称为"挖矿"。比特币网络中的挖矿不仅是为了添加新的交易到区块链，还可以确保网络的安全性。这是因为工作量证明机制要求"矿工"证明他们已经付出了大量的计算工作，这使得欺骗和攻击网络变得非常昂贵和困难。

工作量证明防止了"双花"问题的发生，只有首先解决哈希问题的"矿工"才能成功添加交易到区块链，从而防止出现多次花费同一比特币的情况。这种机制增加了攻击者发动攻击的成本，因为攻击者需要拥有强大的计算能力来控制网络，这使得比特币网络对于恶意攻击具有较高的抵抗能力。工作量证明确保了比特币网络的去中心化，没有单一实体掌控网络，而是由遍布全球的"矿工"共同维护，降低了垄断和滥用权力的风险。

NFT的魔力正是因为它与区块链结合在一起，为数字资产的创造、所有权确认和交易提供了全新的方式，使数字艺术、虚拟物品和数字身份变得更有价值和有趣。正如我们在网络上看到的NFT热潮，它正在改变我们看待数字世界的方式，为未来开辟了新的可能性。我们一起深入细节，看看NFT是如何在区块链上运行、交易的，以及区块链给NFT带来了哪些特性。

要创造一个NFT，艺术家或创作者可以将他们的数字作品上传到一个NFT市场或平台，这个过程将在区块链上生成一个独特的数字证书，证明这个作品的所有权和独特性。每个 NFT 都有自己的数字指纹，就像人的指纹一样，使它区别于其他 NFT，确保我们拥有的 NFT 是独一无二的。NFT 由智能合约（Smart Contract）管理，智能合约是一种自动执行的区块链程序，它规定了 NFT 的所有权和交易条件。一旦购买了一个 NFT，智能合约就会自动将它转移到数字钱包中。NFT 可以在市场上自由交易，你可以出售或购买它们，就像购买画作或收藏品一样，所有交易都被记录在区块链上，是透明和可追溯的。

比特币的出现让区块链网络成为可能，也让基于区块链技术的 NFT 蓬勃发展。在比特币的启发下，以太坊带着智能合约技术让 NFT 真正成为 Web3 的主流应用，也开启了被称为 NFT 热潮（NFT Summer）的黄金时代。

1.3　NFT 简明史

NFT 诞生至今只有 10 多年时间，业内没有公认的诞生时间和标志性的项目，所以按时间线叠加区块链的技术进化来简要说明 NFT 的历史会是一个很好的思路。区块链发展大致可以分为两个大的阶段，即比特币开创的比特币区块链时代和以太坊开启的智能合约时代。从时间线上看，最早的 NFT 模型可以追溯到 2011 年，而集中暴发则是在 2021 年，事实上，2023 年是 NFT 经历的第一个"熊市"低谷期。

1. 2011 年：灵感碎片

历史上很多伟大的东西都诞生于偶然，暂且不论 NFT 是否可以称得上伟大，但它的诞生确实是偶然。比特币诞生之后，比特币交易、转账成为区块链上最活跃的应用，交易者在交易过程中添加了一些不必要的数据，在毫无意识的状态下，这些数据就变成了 NFT。举例来说，这个过程非常像我们今天通过外卖软件订外卖时添加的备注信息，这些备注信息在区块链上成为独一无二的存在，它不一定是图像或文字，可能是任何数据。因为比特币的区块都是独一无二的、不可篡改的，于是这些给交易添加信息的方式，就成为人类历史上最早创建 NFT 的方式。

当然，这些只是概念上的 NFT，并不是真正的 NFT，因为它们在区块链上无法转移、交易，也无法通过聚合接入服务来轻松查看。2011 年，网络安全研究员 Dan Kaminsky 设计了一种名为"mINT"的系统，用于在比特币区块链上创建唯一的代币，这些代币可以代表数字资产或实物资产。他的项目试图解决数字资产的唯一性和交易性问题，并为 NFT 的概念提供了早期的案例。Dan Kaminsky 的工作为 NFT 市场的发展提供了宝贵经验，尤其是在以太坊和其他智能合约平台出现之前，他的项目强调了数字资产的唯一性和可交易性，在 NFT 的早期历史中扮演了重要角色。

2011 年 7 月 30 日，Dan Kaminsky 向已故密码学家 Len Sassaman 致敬的 NFT 项目（图 1.13）是一个非常有意义的案例，它展示了 NFT 如何用于纪念重要人物。Len Sassaman 是一位著名的密码学家和隐私权倡导者，他在密码学和信息安全领域做出了杰出贡献。不幸的是，Len Sassaman 于 2011 年离世，但他的工作和影响一直延续至今。

图 1.13　Dan Kaminsky 致敬 Len Sassaman 的 NFT 作品
（来源：Decentral Art Pavilion）

为了纪念 Len Sassaman，Dan Kaminsky 创建了一种 NFT，将其视为一种数字纪念品，提醒人们关注他在数字安全和隐私领域的杰出工作。这种类型的 NFT 强调了 NFT 的多功能性，它不仅可以用于数字艺术品和虚拟资产，还可以用于纪念和推广特定的价值观和历史事件。

Dan Kaminsky 的这个 NFT 项目将 ASCII Art（文本艺术）这种艺术形式最早带入区块链，这是一种使用 ASCII 字符集中的字符和符号来创建图形或艺术作品的艺术形式。ASCII Art 通常表现为文本中的字符排列，通过使用不同的字符、符号和空格来呈现各种形状、图案和图像。ASCII Art 具有独特的魅力，它是一种古老的数字艺术形式，早在计算机图形界面广泛使用之前，人们就已经在电子文本中使用它。

2011 年还有一个重要的东西出现，那就是比特币的第一个分叉链——NameCoin，它沿用了比特币的主要代码，只增加了部分功能，它的主要愿景是建立一个基于区块链的去中心化的域名系统。通过 NameCoin 的主应用，可以注册一个 .bit 的域名，这是一个不受中央机构比如 ICANN 控制的域名服务，任何人都可以获得这种确保隐私性的网络域名。若干年后，在 NameCoin 的启发下诞生了一大批域名类的 NFT，比如 ENS、Flowns 等。

除域名之外，NameCoin 还改良了比特币网络，更容易进行开发，这也吸引了很多 NFT 开发者在这条分叉链上发行 NFT，出现了许多 NFT 历史上极其重要的项目。

2. 2012 年：极客探索

Colored Coins 项目（图 1.14）的概念最早由比特币社区的一些开发者提出，他们希望利用比特币区块链对比特币进行"着色"或标记，以表示它们代表了现实世界中的某种资产，例如，贵金属、股票、房地产等，这意味着比特币可以用于代表更多类型的价值，Colored Coins 的"着色"过程是通过在比特币交易中嵌入元数据来实现的。这些元数据指定了比特币代币的颜色和价值，颜色代表资产的类型，价值代表代币的数量。

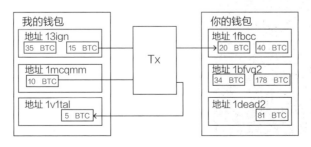

图 1.14 Colored Coins 白皮书里的交易转换模型

2013 年 Yoni Assia 在 Bitcointalk 论坛发表了专门讨论 Colored Coins 的文章，系统讨论了实现方式和主要应用场景。有趣的是，这篇文章有一个联合作者叫 Vitalik Buterin，也就是后来大名鼎鼎的以太坊创始人之一，而 Yoni 本人也成为知名加密资产交易平台 eToro 的 CEO。

Munro Ferguson（也被称为 FORIS）是一位数字艺术家，他在 2012 年创建了"Colorless, a webcomic adventure"项目，这是一部以数字形式发布的网络漫画，其独特之处在于每一幅漫画都被转化为比特币的交易，将数字签名和元数据嵌入其中，使其成为唯一的数字艺术品。通过将这些漫画作为比特币进行交易、存储，Munro Ferguson 为它们赋予了唯一性和所有权。因为每一幅漫画都有一个独特的交易哈希，所以可以轻松地追溯特定的比特币区块链交易，保证了数字艺术品的不可伪造性。

3. 2014 年：元年暴发

Colored Coins 的诞生让许多人意识到在区块链上发行资产的巨大潜力。但是，人们也明白，比特币本身在当前的迭代中并不意味着启用这些附加功能。2014 年，Robert Dermody、Adam Krellenstein 和 Evan Wagner 创立了 Counterparty，这是一个建立在比特币区块链上的点对点金融平台和分布式开源互联网协议。交易对手允许资产创建具有去中心化交易所，甚至是带有股票代码 XCP 的加密通证，Counterparty 拥有众多项目和资产，包括集换式卡牌游戏和模因（meme）交易。

可以将 Counterparty 理解为比特币网络的侧链，它提供了一些扩展，方便开发者在区块链上进行开发，让创建智能合约和发行资产成为可能，这也成为以太坊的灵感来源。因为可以方便地发行资产，Counterparty 成为 NFT 首选公链，产生了很多具有影响力的作品。

2014 年 1 月 13 日，历史上第一个 NFT 项目（图 1.15）诞生。奇特的是，它只是一个测试，被命名为"TEST"，我们今天仍然可以通过 Xchain 的区块链浏览器在区块高度 280332 位置找到它。

图 1.15　第一个 NFT 项目 TEST
（来源：https://xchain.io/block/280332）

　　"TEST"项目是 Counterparty 团队在开发初期用来测试 NFT 功能的实验性项目，目的是帮助开发者和用户了解如何在 Counterparty 平台创建和交易 NFT。在当时的条件下，这个 NFT 没用任何文字和图像，只有一个属性指向一个存储在去中心化存储服务器上的 Gif 图片。十多年过去了，我们依然可以查看这个作品。

　　虽然"TEST"项目本身并没有在 NFT 市场引起广泛关注，但它作为早期尝试的一部分，为后来的 NFT 项目和平台提供了重要的经验和启发，在 NFT 技术和概念的演化中发挥了关键作用。

　　JP Janssen 是 Counterparty 社区的一名活跃成员，他创建了 OLGA 项目"Official Lost Genesis Asset"（图 1.16）。2014 年 6 月 12 日，他铸造了一个描述为"Моя Вечная One & Only"的 NFT，这是一个把 Base 64 编码的图像嵌入区块链的创新铸造方式。通过这种方式，JP Janssen 在"不经意"间创造了历史，这是目前可以检索到的最早的图形类 NFT，画面是一对正在亲吻的男女，区块高度是 305451。

图 1.16　第一个图形类 NFT 项目 OLGA（来源：https://xchain.io/asset/OLGA）

　　2014 年还发生了一个重大事件，一个被称作"Quantum"[1]（图 1.17）的 NFT 被拍卖到 200 个 BTC（当时价值约 12000 美元），在当时引起巨大轰动，7 年后，Quantum 在苏富比拍卖行以 147.2 万美元再次被拍卖，名噪一时。

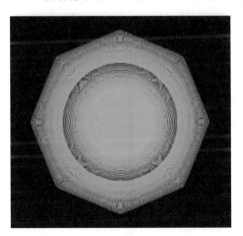

图 1.17　NFT 项目 Quantum（来源：Decentral Art Pavilion）

　　这个 NFT 的作者至今还是谜团。部分人把 Quantum 归功于艺术家 Kevin McCoy，也就是颇负盛名的 NFT 项目 CryptoPunks 的联合创始人，也有一部分人倾向于原版的 Quantum 项目来自于匿名艺术家 Glyph，而苏富比拍卖的 Quantum 则是 Kevin McCoy 后来在以太坊上发行的复制品。有趣的是，这种争议性，也成为 Quantum 艺术价值的一部分。

①https://www.sothebys.com/en/buy/auction/2021/natively-digital-a-curated-nft-sale-2/quantum。

图1.18　NFT项目Blockhead
（来源：OpenSea）

Quantum是发行在NameCoin上的NFT项目，是一个正八角形动画，作者受科幻小说主题启发设计出脉动光线，并通过代码设置运动轨迹，最终生成Gif动画，固定循环播放，成为计算机艺术史上重要的作品之一。

2014年是NFT原始生态百花齐放的一年，这一年还出现了一个对后世影响深远的项目"Blockhead"（图1.18），可以说是历史上第一个PFP类的NFT，直接启发了后来的蓝筹之王"CryptoPunks"。

Blockhead起源于早期加密用户在NameCoins区块链设置个人头像，这是一种像素风格的头像，都是简化的、低分辨率的，但每一个头像都有自己的特点和风格。Blockhead项目代表了早期NFT领域中的像素头像项目，这些头像已经成为虚拟身份和社交媒体上的一种流行趋势。这些头像具有个性化、独特性和社交互动的特点，吸引了用户的关注，并成为NFT领域多样性的一部分。

4. 2016年：模因之年

"Pepe the Frog"最初由美国漫画家Matt Furie创作，2005年首次出现在他的网络漫画"Boys Club"中。Pepe被描绘为一个懒散的、放荡不羁的青蛙，出现在不同的幽默场景中。Pepe the Frog的形象被广泛用作表情符号，它的不同表情代表不同情感和反应，从开心到沮丧，从愤怒到深思，几乎覆盖了整个情感谱系。由于Pepe的多样性和可塑性，在互联网上传播迅猛，成为互联网文化的一部分。用户纷纷创作和分享以Pepe为主题的图片、Gif图片和表情符号，用以传达各种情感和反应。

这种文化被称为"meme"，中文大多翻译成"模因"，意思比较接近口语中的"梗图"。2016年9月，Rarepepewallet网站出现了，它可以帮助用户将Pepe通过Counterparty发布在比特币区块链上，由此，开启了全新的meme NFT时代。

2021年，苏富比拍卖行成交了一款稀有的Pepe NFT，名字叫作"Andress M. PEPENOPOULOS"（图1.19），

图1.19　Andress M. PEPENOPOULOS
（来源：苏富比网站）

成交价格高达 360 万美元。这样爆炸性的新闻更加刺激了后来 NFT 大暴发，但在 2014 年，一切都源于恶趣味的娱乐。

Rare Pepe Cards 项目将 Pepe the Frog 转化为一系列数字艺术品，这些艺术品以 NFT 的形式存在。每张 Rare Pepe 卡片都是独特的数字艺术品，代表不同的 Pepe 变种，每张卡片都有其独特的外观和特点。作为一个开放性的项目，Rare Pepe Cards 更像是社区共同创作，目前留存 1700 多个，分成 36 种不同类别，它们都是原版 Pepe 的二创作品，加入了非常多的"梗"，极具收藏价值。

5. 2017 年：井喷暴发

经过两年多的发展，以太坊带着智能合约终于开启了区块链的新篇章。不同于比特币区块链需要借助分叉和侧链，以太坊可以让开发者使用智能合约编程，在区块链上发行资产，尤其是开发和发行 NFT 类型的资产变得轻而易举。以太坊的出现，直接掀开了 NFT 新时代的幕布。2017 年我们看到这些熟悉的面孔出现了：CryptoPunks、CryptoKitties、Decentraland、NBA TopShot、SuperRare……这些项目开启了 NFT 5 年膨胀期。在这期间，NFT 逐渐走入寻常百姓家，成为大众熟知的艺术商品，也逐渐衍生出以 NFT 为内核的生态系统。

▌CryptoKitties

"CryptoKitties"是一个基于区块链技术和非同质化代币（NFT）的创新性数字游戏，允许玩家购买、养育、交配和交易虚拟猫咪。该项目于 2017 年底由 Axiom Zen 公司开发，一经推出便迅速引起加密货币社区和数字艺术领域的轰动。CryptoKitties 不仅改变了游戏产业，还推动了 NFT 技术的应用和数字资产交易的革命。

CryptoKitties 的核心是虚拟猫咪，每只 CryptoKitty 都是独一无二的 NFT，拥有自己的基因组合和外观。通过购买不同的 CryptoKitties 并让它们进行交配，玩家可以培育出新的虚拟猫咪。这些虚拟猫咪可能会继承父母的特质，或者在交配时出现新的特质。CryptoKitties 的每只虚拟猫咪都有一套属于自己的基因，决定了它的外观和特质，这些特质包括毛色、眼睛颜色、身体形状等，玩家可以通过交配来尝试获得具有特定特质的虚拟猫咪，使它们更加独特，如图 1.20 所示。

图 1.20　CryptoKitties（来源：https://www.cryptokitties.co/）

CryptoKitties 还具有市场交易功能，允许玩家将他们的猫咪出售给其他玩家。每只猫咪价格不同，取决于其稀有性、特质和市场需求。最昂贵的猫咪成交价格约为 600 ETH，相当于数百万美元。这只猫咪的名称是"Dragon"，它具有罕见的特质，成为 CryptoKitties 市场中的珍贵收藏品。

虚拟猫咪的出现至少从两个方面赋予 NFT 新的方向：游戏和交易。虽然卡牌类的区块链游戏很早就出现了，但 CryptoKitties 第一次向大众开放了游戏参与机制，通过最简单的宠物养成游戏机制吸引大量用户参与。而交易的利益驱动又在无形之中启发大众了解 NFT 的稀缺商品和艺术收藏品属性，让大众对 NFT 的认知更进一步。

CryptoPunks

CryptoPunk #5822 成交价 2370 万美元、CryptoPunk #7523 成交价 1170 万美元、CryptoPunk #4156 成交价 1020 万美元、CryptoPunk #5577 成交价 770 万美元、CryptoPunk #3100 成交价 757 万美元、CryptoPunk #7804 成交价 756 万美元……虽然价格不能说明一切，但这些天文数字似乎在某种意义上说明了 CryptoPunks 巨大的价值和影响力。

CryptoPunks 项目（图 1.21）于 2017 年由两位软件工程师 Matt Hall 和 John Watkinson 创立，旨在探索和展示 NFT 技术的潜力。CryptoPunks 成为 NFT 领域的先驱，为数字艺术和虚拟收藏品开辟了新的道路，它被认为是 NFT 世界的文化遗产，具有不可替代的价值。Matt Hall 和 John Watkinson 的工作室被称为 Larva

Labs，是一家致力于探索区块链和 NFT 技术的公司，他们在创建 CryptoPunks 之前已经有丰富的数字艺术和虚拟现实领域的经验，CryptoPunks 是一项实验性项目，最终取得了巨大的成功。

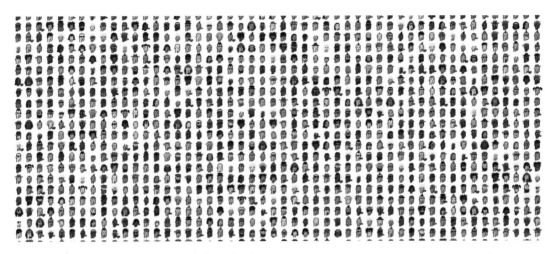

图 1.21　CryptoPunks 合集（来源：https://www.larvalabs.com/cryptopunks）

CryptoPunks 的生成方式非常独特。最初，Larva Labs 创建了 10 000 个像素化头像，每个头像都代表一个独特的 CryptoPunk（图 1.22），头像以简单的方块像素构成。这种风格是计算机图形的早期形式，有复古的感觉。CryptoPunks 的艺术特点包括各种面部特征、头发风格、眼镜、帽子、背景色和其他细节。尽管头像是像素化的，但每个 CryptoPunk 都有其独特之处，是数字艺术的杰作。Larva Labs 把这些 CryptoPunks 部署到以太坊区块链上作为 NFT，每个 CryptoPunk 都有一个独特的标识符，并且是不可替代的。

CryptoPunks 最初是免费领取的，用户只需支付少量的以太币作为交易手续费。CryptoPunks 的分发方式是通过智能合约，用户可以随机获得一个 CryptoPunk，分发过程被视为一场数字化的"领取"且具有一定的随机性。有趣的是，项目发布 5 天愿意领取的人寥寥无几，直到媒体报道之后才慢慢被领

图 1.22　CryptoPunks
（来源：OpenSea）

完。如今，CryptoPunks 已经成为地板价（最低挂单价格）高达 9 万美元的顶级 NFT，而它的历史总成交价高达 26.4 亿美元。

SuperRare

SuperRare 是一家总部位于美国旧金山的公司，由 John Crain、Charles Crain 和 Jonathan Perkins 于 2017 年创立。SuperRare 的愿景是将数字艺术品与区块链技术相结合，为艺术家提供一个全新的创作和销售平台。SuperRare 专注于数字艺术品的 NFT 化，使艺术家能够以加密数字的形式发布、展示和销售作品。

艺术家在 SuperRare 平台（图 1.23）上创作数字艺术品，这些作品通常以图像或视频的形式呈现。艺术家可以使用计算机图形软件或其他数字工具来创作。作品一旦完成，艺术家可以将其转化为 NFT，这意味着该作品被记录在区块链上。艺术家可以选择在 SuperRare 上对作品进行拍卖或以固定价格销售。潜在买家可以竞拍数字艺术品，最高出价者将获得作品的所有权。此外，SuperRare 还支持二级市场交易，用户可以在平台上交易已有的 NFT。

这个新兴的交易市场吸引了一些知名艺术家、名人和收藏家，进一步提升了平台的知名度和吸引力。Grimes、3LAU、Lindsay Lohan 和 Mike Shinoda 等，都在 SuperRare 上发表了他们的数字艺术作品。这些名人的参与帮助 SuperRare 吸引了更多的用户和投资者，同时为提升数字艺术品的认知度和市场推广做出了贡献。

SuperRare 已经交易超过 38 000 幅 NFT 作品，为艺术家带来了 1.82 亿美元的收入，二级市场交易又为艺术家带来了 900 万美元的版税收入，目前整个 SuperRare 市场 NFT 艺术品的总价值超过 6 亿美元。

SuperRare 开创了 NFT 交易市场的模型，通过创作、铸造、拍卖、二级市场交易、版税等方式为后来的 NFT 交易市场提供了技术和商业框架。它的出现不仅让艺术家有了最便捷的创作和交易工具，更把 NFT 数字艺术品交易推向了一个新的阶段。

6. 2018—2020 年：标准确立

2018 年之后，NFT 生态系统出现巨大增长，有 100 多个项目如雨后春笋般出现。新兴交易市场 OpenSea 和 SuperRare 一起引领 NFT 市场蓬勃发展。与其

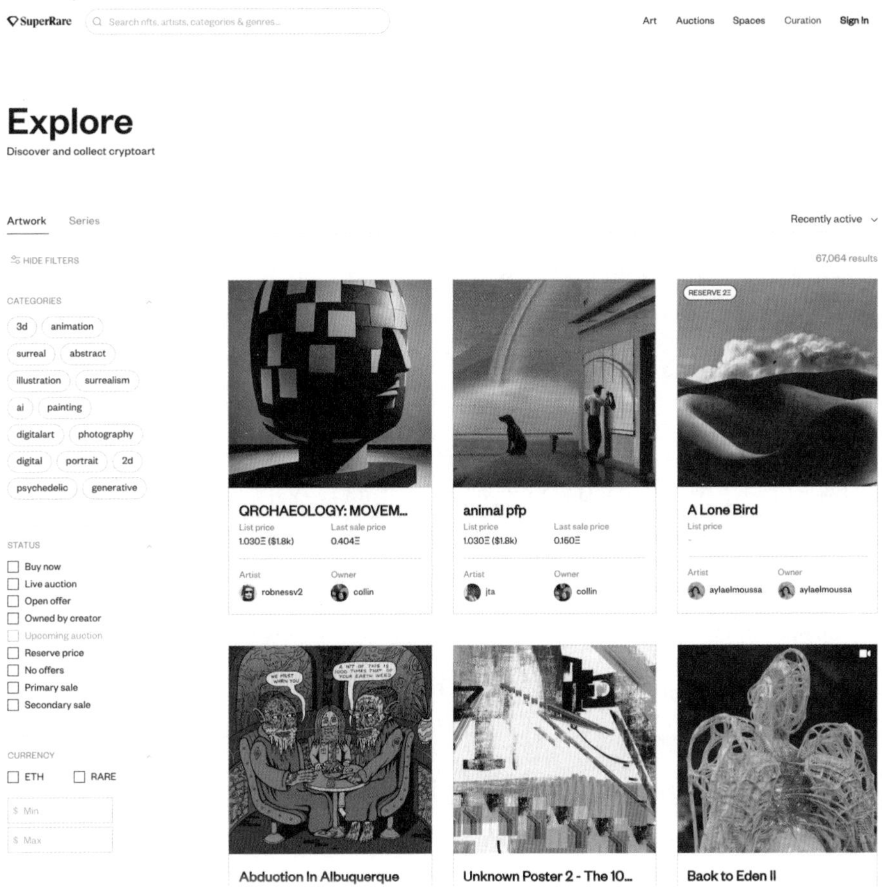

图 1.23　SuperRare 网站截图（来源：SuperRare）

他加密市场相比，NFT 的交易量很小但增长速度很快。随着 MetaMask 等 Web3
钱包的不断改进，加入 NFT 生态系统变得更加容易，Dapper Labs 也推出了一款
无须 Gas 支付的 Dapper 钱包。此外，还出现了 nonfungible 和 nftcryptonews 等
媒体网站，它们深入研究 NFT 市场指标、游戏指南，并提供有关该领域的一般信息。

2018—2020 年，相较于出现的项目，NFT 技术标准的确立才是最重要的
事。这些标准为未来 10 年甚至更长时间的 NFT 生态系统确立了技术框架，让多
链、跨链成为可能，真正把 NFT 生态版图确立起来。为了实现 NFT 的互操作性
和标准化，以太坊区块链引入了一系列技术标准，其中，最重要的是 ERC-721 和
ERC-1155。

在深入了解 ERC-721 和 ERC-1155 之前，先了解"ERC"的含义。ERC 代表

"以太坊请求评论"（Ethereum Request for Comments），它是以太坊区块链上定义和描述标准的一种方法。这些标准包括代币、智能合约、接口和协议等。ERC 标准的目的是使以太坊的智能合约和代币能够相互操作，提高 NFT 的互操作性和标准化。

ERC-721 标准是以太坊开发团队成员 Dieter Shirley 和同事在 2018 年提出并建立的，是 NFT 历史上第一个技术标准，主要规定了实现非同质化的唯一性方式、传输方式、标准接口等。我们暂且抛开技术代码的实现细节，先从功能描述上看一下 ERC-721 可以给 NFT 带来什么。

唯一性

在 ERC-721 标准下，每个 NFT 都是唯一的，没有两个 NFT 完全相同。这使得 ERC-721 非常适合代表数字艺术品、虚拟收藏品和其他具有唯一性的资产。ERC-721 标准通过使用独特的标识符（Token ID）来确保 NFT 的唯一性。每个 ERC-721 标准下的代币都有唯一的 Token ID，这个 ID 是一个非负整数，从 0 开始递增，这使得每个代币都不同于其他代币，确保了唯一性。

区块链上的 ERC-721 合约跟踪哪些 Token ID 已经被创建和分配给了哪些用户，这个记录通常保存在合约的状态变量中。创建一个 ERC-721 资产时，它的 Token ID 会被分配给创作者，并将相关信息记录在合同状态中，这个资产可以转让给其他用户，但 Token ID 始终保持不变。

所有权

当 NFT 所有者决定将 NFT 转让给另一个用户时，他们将调用合同中的一个特定方法，通常是"transferFrom"或类似方法。这个方法要求调用者提供 NFT 的 Token ID 和新所有者的地址。当方法被调用时，合同会验证调用者是否是当前 NFT 的合法所有者，然后将 Token ID 的所有权从当前所有者更改为新所有者的地址。

简言之，当一个资产被转让给新的所有者时，区块链上的状态将更新以反映新的所有权关系，这意味着只有一个用户可以拥有特定的 Token ID，ERC-721 标准就是用这种方式来确保 NFT 所有权的唯一性。

▍标准接口

ERC-721 标准定义了标准接口，规定了 NFT 合同应该遵循的方法和属性，这使得不同资产可以在不同的应用程序中交互和展示。不必害怕看不懂的代码，每个标准接口都有通俗的文字解释，目的是让我们比较直观地理解标准。类似乐高积木，你要搭建一个城堡，只需要取一些事先定义好的模块，而无须从零开始搭建模块。

balanceOf（address_owner）：这个接口接收地址参数，并返回该地址拥有的 ERC-721 资产的数量，这个标准接口可以让用户查询他们拥有的 NFT 数量。

ownerOf（uint256_tokenId）：这个接口接收 Token ID 作为参数，并返回拥有该 Token ID 的地址，用于查询特定 NFT 的当前所有者。

approve（address_to，uint256_tokenId）：这个接口用于授权其他地址代表当前 NFT 所有者转让特定的 NFT，它允许 NFT 所有者将 NFT 授权给其他用户，以便后者进行转让。

getApproved（uint256_tokenId）：这个接口接收一个 Token ID，并返回被授权代表该 NFT 的地址，用于查询特定 NFT 的授权转让地址。

transferFrom（address_from，address_to，uint256_tokenId）：这个接口用于实际的 NFT 转让，它接收当前 NFT 所有者的地址、目标地址以及 Token ID，然后将 NFT 的所有权从一个地址转移到另一个地址。

safeTransferFrom（address_from，address_to，uint256_tokenId，bytes data）：这个接口接收额外的数据参数，用于执行额外的操作或验证。

event Transfer（address indexed from，address indexed to，uint256 indexed tokenId）：这是一个事件接口，用于记录 NFT 的转让。当 NFT 所有权发生变化时，将触发此事件，以便其他应用程序可以监听和响应。

ERC-721 标准规定了一个 NFT 合集中的每个 NFT 都是独一无二的、非同质化的，但现实还存在另外一种情况，即半同质化。怎么理解？我们以超市购物为例，假设客户买了 1 瓶可乐和 5 包相同品牌、规格的薯片，如果按照 ERC-721 标准，这 6 件东西都是不同的，需要扫码 6 次分别计算价格，这种情况就是重复操作，如果是 200 包相同薯片则需要扫码 200 次。实际案例里，收银员会对薯片扫码 1 次，然后在程序里把数量改成 3，这样就快速完成了价格计算，这种方法更接近于 ERC-1155 标准。

ERC-1155 标准由专注于开发区块链游戏和 NFT 的公司 Enjin 在 2018 年左右创立，是一种支持多资产通证的技术标准，在游戏资产中得到普遍应用。该标准的核心是允许在同一个合约中创建多个不同类型的代币，而不是每个类型都需要一个单独的合约，比如游戏里的一种匕首可能有 10 000 个，它们都是匕首，只是编号不同，所以只需要一个程序来控制和操作，比如交换、转移、销毁，不需要 10 000 个程序。

现在，让我们比较一下 ERC-721 标准和 ERC-1155 标准（图 1.24），以便更好地理解它们之间的区别。

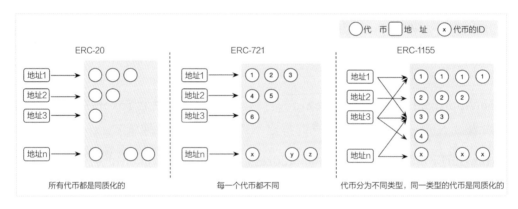

图 1.24　不同标准的通证差异对比图

唯一性 VS 多样性

ERC-721 标准里每个代币都是唯一的，没有两个代币完全相同，它适合表示具有唯一性和不可替代性的资产。ERC-1155 标准里合约支持多种不同类型的资产，包括 NFT 和可替代通证，更适合多样性的资产。

使用成本

ERC-721 标准里每个资产都需要一次独立的交易进行处理，可能会导致较高的使用成本，ERC-1155 标准则支持多种资产在同一交易中进行处理，极大降低了成本。

▍使用场景

ERC-721 标准适用于强调唯一性的数字资产，如数字艺术品、虚拟现实土地和虚拟收藏品；ERC-1155 标准则更适用于包含多种类型资产的应用，如区块链游戏、多功能收藏品和数字化身份验证。

两个标准确立之后，NFT 的技术标准几乎每个月都在更新，后续又出现了诸如支持一次铸造多个 NFT 的 ERC-721A，支持可组合 NFT 的 ERC-998，支持批量转移 NFT 的 ERC-875，支持 NFT 租赁的 ERC-809、ERC-1201，以及致力于解决版税问题的 ERC-2918 等。这些技术标准的出现极大简化了 NFT 的创作、转移、交易等环节，让 NFT 真正成为普通用户也可以操作的"傻瓜式"产品，当然，标准更大的意义在于协调生态，让 NFT 具有更优秀的互操作性。

7. 2021 年至今：野蛮生长

以太坊和智能合约得到了长足发展，NFT 的技术标准让开发者、艺术家迅速涌入这个新兴的赛道，从 2021 年开始，以 PFP 为代表的 NFT 正式迎来暴发式增长。2021 年，一幅由 Beeple 创作的数字艺术品 "Everydays：The First 5000 Days" 在佳士得拍卖行以超过 6900 万美元的价格售出，引发了更多人对 NFT 的兴趣。这个标志性的事件，让 NFT 正式进入大众视野。

NFT 成为全球范围内的话题，吸引了主流媒体和体育界的关注。NBA TopShot 推出了代表篮球高光时刻的 NFT，音乐家、体育明星和名人也开始发布自己的 NFT 作品。NFT 市场持续发展和多样化，新的区块链平台和标准不断涌现，为行业提供更多选择。NFT 应用扩展到游戏、虚拟地产、音乐、教育和其他领域，一些项目尝试解决 NFT 市场的可持续性和环保问题，采用更环保的区块链技术。

近几年，涌现了一大批我们熟悉的项目，包括 PFP 类的 Bored Ape Yacht Club、Pudgy Penguins、Azuki、Cool Cats、Doodles、CyberKongz、Meebits、CloneX，游戏类的 Axie Infinity、Stepn、HV-MTL、Legend of Mara，交易市场 Blur、X2Y2、LooksRare、OpenSea Pro、Elements，艺术家系列 Beeple、Pak、3LAU 等，以及去中心化自治组织 Pleasr DAO、Flamingo DAO、RAIR DAO、World of Women DAO 等。

2022 年，Google 搜索趋势（图 1.25）显示 NFT 的搜索量达到历史顶峰，一时间风头无两，NFT Summer 正式到来。无数艺术家、品牌、研究机构、资本蜂拥而至。在这样的背景下，NFT 开始酝酿自己历史轨迹上第一个所谓的"至暗时刻"。2022 年底，和 Google 搜索趋势显示的一样，NFT 的新鲜感、财富效应逐渐消失，大量早期的投机分子开始撤退，许多在泡沫期滥发的 NFT 变得一文不值。NFT 要死了吗？这个问题几乎每周都会被提及。NFT 不会死，但泡沫会被逐渐挤掉，然后伴随着新的叙事、新的技术标准、新的参与人群迎来下一个高光时刻。

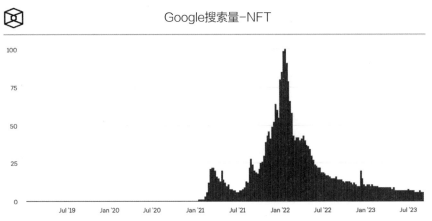

图 1.25　Google 搜索 NFT 趋势（来源：TheBlock）

第2章

立即参与 NFT

　　怎么样？第1章读下来是不是对 NFT 充满了期待？既然已经有了初步了解，不如让我们马上动手，通过实践操作来更好地理解 NFT。通过这一章，您将掌握关于 NFT 的一些基础操作，包括查看、创建、销售、转移、销毁等。动手实践是理解概念最好的方式，现在就开始吧！

2.1 创建第一个 NFT

想要在区块链上创建 NFT，一般情况下需要具备区块链基础知识，了解区块链技术的基本概念，如分布式账本、智能合约、加密学等；需要会编写代码，如利用区块链开发语言 Solidity（用于以太坊智能合约开发）或其他区块链平台的开发语言；需要熟悉各种区块链平台，如以太坊、Binance Smart Chain、Flow 等；还需要熟悉区块链开发工具，如 Truffle、Remix、Hardhat 等，并能够设置开发环境；需要了解如何创建和管理区块链钱包，以及如何安全地管理私钥和助记词；要有能力创建 NFT 所需的元数据，包括图像、音频、视频等文件。

好了，看到这些绝大部分人已经打算放弃了。

但是，作为极简入门教程，我们会选择适合大部分人的简单方式，无须编写代码、无须搭建各种环境，只需要几分钟就可以把自己的内容（图片、音频、视频等）创建成 NFT 并且开放给用户铸造、转移和使用。这要感谢 NFT 的各种技术标准和建立在标准之上的整合服务工具，它们就像许多滤镜工具，无须懂白平衡、色温、饱和度、光感、景深、焦段，只需要一个按键就能生成媲美专业摄影师的好作品。

这一节我们将学会如何在 5 分钟内把照片铸造成 NFT 并发布在区块链上，生成一个可以供收藏者免费或付费铸造（购买）的页面。完成这一切只需要一点点手续费，在开始之前，我们还是建议读者了解一些区块链的基本知识和操作。

区块链钱包

区块链钱包就像现实生活中的钱包，用于存储和管理数字货币和 NFT 资产。我们要使用的区块链钱包不是实际的硬件而是一个应用程序，可以在手机或计算机上安装。MetaMask 是一个流行的区块链钱包，它提供了一个支持 Chrome、FireFox 等浏览器的插件，可以让我们实现与区块链交互而不必下载整个区块链。安装 MetaMask 后，需要创建一个安全的数字身份，其中包含一个私钥（就像你的钱包密码），然后就可以用它来访问数字资产了。

以太坊及其他公链

创建 NFT 的过程非常像开发手机 App，我们首先要选择 App 适配的操作系统，比如 iOS 系统或者 Android 系统，在区块链里对应的就是要选择不同的公链。我们可以在以太坊、BNB Smart Chain、Optimism 等不同公链创建和发行 NFT，它们都有不同的用户画像和生态环境，随着学习的深入，这些都会在后续章节和本书配套网站进行介绍。

▌ Gas 费用

在区块链上执行交易或智能合约需要"成本"，就像汽车行驶需要汽油一样。Gas 费是支付给矿工（区块链网络的维护者）的费用，以确保交易被处理。为什么要支付 Gas 费？因为区块链是去中心化的，没有一个中央机构来处理交易。矿工通过解决复杂的数学问题来验证交易，支付 Gas 费就是鼓励他们验证交易以维护区块链交易的安全、准确。Gas 费的多少取决于交易复杂度和网络拥堵情况，有时候 Gas 费会很低，有时候会增加，需要根据具体情况支付。

综上所述，区块链钱包、公链和 Gas 费用组成了 NFT 创建入门必备的 3 个知识点，用一句话来总结：我们需要创建一个支持以太坊公链的 MetaMask 钱包，然后向钱包里存入一些 ETH 作为 Gas 费用。

▌ 可访问性

鉴于各个地区网络访问限制不同，案例中用到的服务可用性及补充知识可以在本书配套网站获得更新。

2.1.1　创建区块链钱包

MetaMask 支持计算机浏览器，也支持手机端（iOS 系统和 Android 系统），我们以计算机端为例来下载、安装和创建钱包，手机端的操作流程和计算机端一致。

使用 Google Chrome 浏览器打开 MetaMask 官方网站，在右上角选择点击"Download"，进入下载页面（图 2.1）。

在下载页面先选择"Chrome"，然后在下方点击"Install MetaMask for Chrome"，准备安装 MetaMask 插件（图 2.2）。如果是手机端可以选择"iOS"或者"Android"选择对应的版本下载，也可以在手机配套的应用商店直接搜索"MetaMask"下载并安装。如果在搜索及下载过程中遇到问题，可以到本书配套网站查找解决方案。

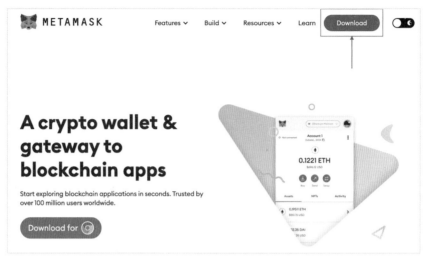

图 2.1　打开 MetaMask 官方网站

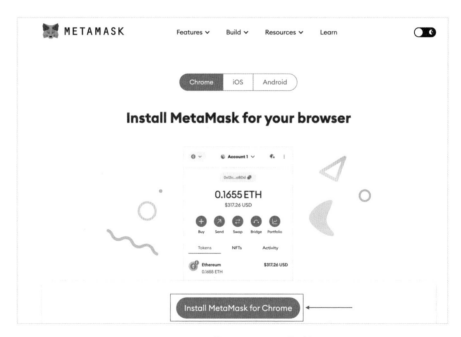

图 2.2　下载 MetaMask 插件

　　点击"Install MetaMask for chrome"之后会转入 Google Chrome 的插件商店，继续点击页面右上角的"Add to Chrome"（图 2.3），在弹出的小窗口点击"Add extension"。系统会自动下载、安装 MetaMask 插件，成功完成后页面跳转打开 MetaMask 的创建界面。

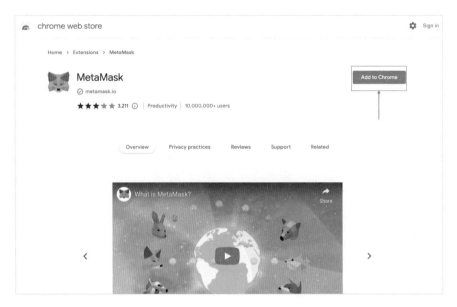

图 2.3　安装 MetaMask 插件

在创建钱包的界面右上角可以选择语言，接着勾选用户协议和使用条款"I agree to MetaMask's Terms of use"，激活"Create a new wallet"按钮，点击即可进入创建钱包的步骤（图 2.4）。如果已经创建好钱包，也可以选择点击下方的按钮"Import an existing wallet"将钱包导入到新的计算机上。

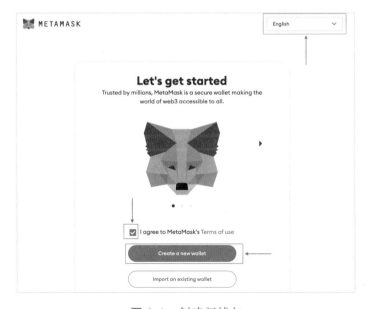

图 2.4　创建新钱包

创建过程一共分为 3 步，第 1 步需要给钱包创建密码（图 2.5），可以根据提示信息设计一个安全强度高的密码，然后牢记密码。这个密码是你每次打开钱包必须输入的，当退出钱包或钱包被锁定时，只有输入密码才能进行下一步操作，这个密码就像打开门锁的钥匙一样。

图 2.5　创建密码

　　第 2 步非常重要，尤其对于新手。强烈建议新手观看图 2.6 中的视频介绍，它会教你如何保护资产安全。区块链的资产都存在链上，钱包就是获得资产授权的工具，如果这个工具被盗，你所有的资产都会被盗走，区块链的第一课就是安全课。

　　接下来，点击"保护我的钱包（推荐）"，进入下一步。

　　在上面提到的视频里已经详细介绍了什么是助记词、什么是私钥，现在需要按照提示在没人可以看见你的屏幕的情况下，写下你的私钥助记词（图 2.7）。一般情况下，我们建议手抄助记词，并分开存放在多个位置，切记不可以将助记词上传到云盘、发送到聊天记录或截图保存到手机里，这些方式都被黑客紧紧盯着。如果有人获取了你的助记词或者是私钥，即便没有你刚刚设置的密码也一样可以转移你的全部资产。

图 2.6 保护钱包安全

图 2.7 写下私钥助记词

助记词就像安全备份密码列表，通常包含一组随机的英文单词，例如，12个或24个单词，这些单词是唯一的且按特定的顺序排列。助记词的作用就像你把珍贵的物品放在一个盒子里，如果想找到这些物品（例如手机或计算机），可以通过盒子来找到它们，助记词就是这个盒子。但要打开盒子（取出手机或计算机），则需要使用盒子的专属钥匙（私钥）。私钥就像专属钥匙，它是一个长的字符串，类似一个密码，用来解锁数字资产。

助记词和私钥都非常重要，它们是保护数字资产免受未经授权的访问的关键。要确保助记词和私钥安全，不要轻易分享，就像我们绝不会轻易分享家门钥匙一样。

显示私钥助记词之后，需要确认私钥助记词，请按顺序填入空缺的单词，记住不要带有空格，否则会产生错误（图2.8）。输入完毕，点击"确认"，我们就完成了区块链钱包的创建（图2.9）。恭喜！

图2.8　确认私钥助记词

图 2.9 成功创建 MetaMask 钱包

2.1.2 钱包设置与添加 Gas

创建好钱包之后，我们先进行一些简单的设置，然后介绍钱包的基本功能，当然更重要的是，需要给钱包添加一些 Gas。这就像刚买了一辆新车，油箱还是空的，需要加点油才能出去兜风一样。

点击 Google Chrome 右上角的拼图小图标可以显示所有安装的插件，在这里找到 MetaMask，然后点击右侧的图钉图标，就可以把钱包固定在状态栏（图 2.10），要使用钱包时，点击小狐狸图标就可以快速打开 MetaMask。

Gas 是支付给帮助进行区块链交易确认的矿工，在以太坊公链上使用的 Gas 是以太币 ETH。图 2.10 红色框内 0x 开头的一串字符是钱包地址，我们可以购买 ETH 然后提现到这个地址，或者把这个地址发送给朋友，让他们转一些 ETH 作为 Gas。操作一次需要花费多少 Gas？通过区块链浏览器打开网站 Etherscan，可以查看到 Gas 的实时价格（图 2.11）。

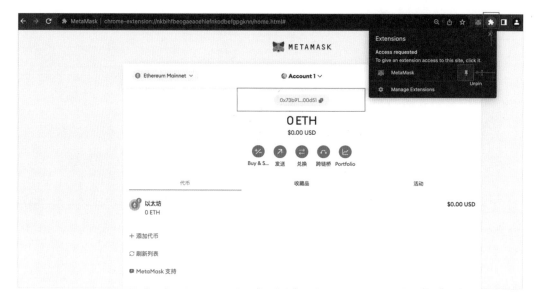

图 2.10　固定显示 MetaMask 钱包

　　Etherscan 给出了 3 种不同的 Gas 价格，分别是标准（Standard）、快速（Fast）、超快（Rapid），这就像开车踩油门一样，给的油越多、汽车跑得越快。请注意，Gas 的价格是实时动态更新的，主要取决于网络拥堵情况。2022 年 4 月 30 日，Yuga Labs 发售元宇宙 NFT 项目 Otherside 造成网络拥堵，当时 Gas 价格飙升到疯狂的 1400 美元，24 小时的发售活动共计消耗了约合 440 万美元的 Gas 费用，创造了区块链有史以来的最高纪录。在网络闲置的情况下，如图 2.11 所示，Gas 的价格只有 0.68 美元。

图 2.11　查看 Gas 实时价格（来源：Etherscan）

2.1.3　使用 Zora 创建媒体类 NFT

Zora，正式名称为"The Zora Protocol"，是一种基于以太坊区块链的开放式非同质化代币（NFT）平台和协议。它的目标是重新定义数字创作和数字艺术品的拥有方式，为艺术家、创作者和收藏家提供更多的控制权和自由度。Zora引入了可编程性概念，使 NFT 更加灵活，具有更多功能。创作者可以定义自己NFT 的规则和属性，包括未来的销售分成、拍卖机制等。接下来，我们通过 Zora在以太坊区块链上将一张 AI 生成的女性正面肖像铸造成 NFT，同时生成一个专属的销售（本案例是零元购买）页面，收藏者可以访问页面完成 NFT 的铸造（Mint）。

1. 连接与验证

打开 Zora 官网，点击主页右上角的"Connect"，这是访问网站服务的第一步。在 Web3 通常需要注册或者登录，这个步骤就是连接区块链钱包。选择使用 MetaMask 钱包登录（图 2.12），会出现 MetaMask 弹窗，需要输入密码完成登录。

在 MetaMask 弹窗里点击"下一步"，然后继续点击"连接"，区块链钱包就连接上了。

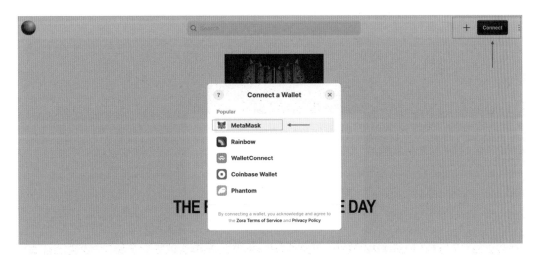

图 2.12　使用 MetaMask 钱包完成登录

第一次使用区块链服务时需要完成一个"签名"，授权它访问你的资产，这样才能完成最终的连接。点击"sign message"，会再次出现 MetaMask 弹窗（图 2.13），点击"Send message"就可以了。

图 2.13　使用 MetaMask 钱包完成"签名"

在 Zora 上创建 NFT 还需要完成一次邮件验证。继续点击官网主页右上角的"加号"，在弹窗中输入你的邮箱地址（图 2.14），点击"Verify email"，系统会给你的邮箱发送一封邮件，点击邮件里的链接就可以完成验证。至此，连接区块链钱包和邮件验证准备工作就完成了。

图 2.14　输入确认邮箱

2. 创建图片 NFT

点击 Zora 官网主页右上角的"+"进入创建流程，在这里我们需要设置一些选项，填写一些基本信息。

选择区块链网络

首先在 Network 下拉框中选择"Ethereum"（图 2.15），表示我们即将在以太坊主网创建 NFT，Zora 支持 Zora、Ethereum、Base、Optimism 和 PGN 主网。如果想要在其他区块链网络创建 NFT 则需要选择对应的网络，确保在 MetaMask 里添加网络和该网络使用的 Gas，本书示范案例选择以太坊（Ethereum）并且已经添加了一些 ETH 作为 Gas。

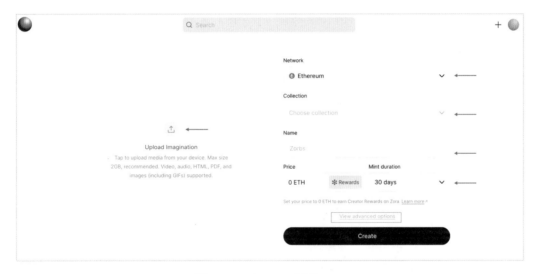

图 2.15　在 Zora 创建 NFT

创建并完善 Collection

Collection 的含义类似于专辑，不同专辑可以拥有不同数量的歌曲。第一次使用 Zora 可以在 Collection 下拉框中选择"Create collection"，在弹出的窗口中填写专辑名称、专辑介绍，最后上传一个专辑封面图。创建完毕，继续输入需要创建的 NFT 名称，也就是专辑里单曲的名称。

设置价格

在 Zora 完成 NFT 创建后就可以立即开始销售，可以给 NFT 设置销售价格，

这里的销售用行业术语应该是"铸造"，来自于英文单词"Mint"。我们也可以设置销售的时间限制，可以选 24 小时内、3 天、7 天、30 天和不限。

Zora 还提供了一些高级选项，帮助我们丰富 NFT 的基础信息，点击图 2.15 页面右下方的"View advanced options"即可打开高级选项。例如，可以设置发售开始的时间，是立即开始还是未来某个时间开始，可以设置创建的 NFT 数量，如无限、只有 1 个或自己设定，还可以设置每个钱包限购铸造的 NFT 数量、版税、是否自动接收版税和钱包地址等。

3. 上传物料

Zora 支持把多种格式的文件创建成 NFT，比如可以上传视频、PDF、音频、HTML 网页、图片（包括 Gif 动图），单个文件最大 2GB。本书示范案例将上传一张由 AI 工具 DALL·E 3 生成的女性正面肖像，我们给她起名叫 Alice（图 2.16）。

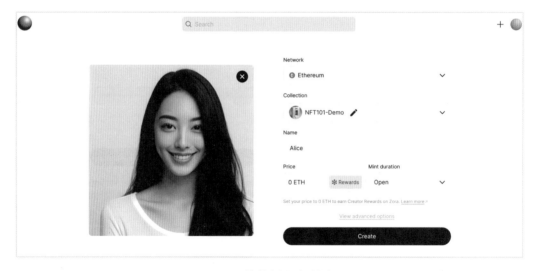

图 2.16　上传物料准备创建 NFT

至此，我们就完成了基本创建工作，即通过 Zora 在以太坊主网创建了一个叫作 Alice 的图片类 NFT，价格是 0 ETH、随时可以铸造、总量 999 个、每个钱包只能铸造 1 个、版税设置为 5%。

点击图 2.16 中的"Create"，MetaMask 会弹出支付 Gas 费用的弹窗，虽然创建是免费的，但 Gas 费用还是需要支付的，这些费用是支付给维护区块链网络的矿工，并不是给 Zora 的。Gas 费用和网络是否拥堵、合约执行的复杂度相关。点击弹窗里的"确认"支付 Gas 费后，Zora 就开始创建 Alice 的 NFT 了，我们还可以自定义发售页面的风格。

至此，Alice 的照片已经被完整创建成 NFT，可以把发售页面分享出去，收藏者可以点击"Mint"来铸造（图 2.17）。值得注意的是，区块链数据是公开透明的，我们可以在区块链浏览器、OpenSea 等其他地方看到 Alice 的 NFT。也就是说，通过 Zora 创建的 NFT 会同步到其他 NFT 交易市场，收藏者可以在 OpenSea 查看、交易这个 NFT（图 2.18）。

接下来，请挑选一张值得永久保存的照片，使用 Zora 铸造成 NFT 吧。

利用 Zora 等创作工具，创作者可以简单、高效地完成基础类 NFT 创建，比较适用于 ERC-1155 格式的 NFT。如果要创建类似 BAYC 这样 ERC-721 格式的有 10 000 个不同形象、属性的 NFT 合集就需要用到智能合约，也可以利用类似 Bueno 的工具辅助设计智能合约。

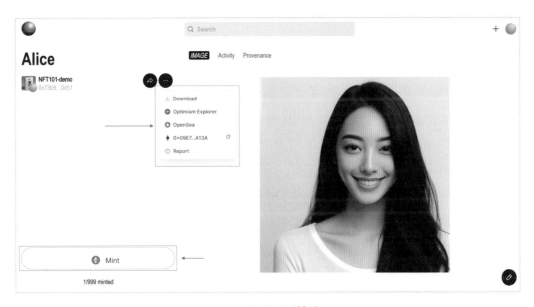

图 2.17　通过网页铸造 NFT

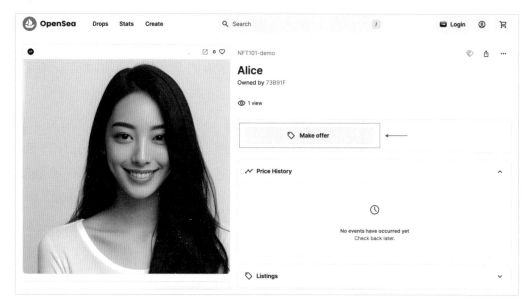

图 2.18　在 OpenSea 上查看、交易 NFT

2.1.4　使用 ENS 创建域名类 NFT

在 NFT 简明历史中提到了 NameCoins 这个比特币分叉链，它的愿景是创建去中心化的域名系统，使域名具有确权唯一性、隐私性。这些探索启发后人不断改进技术方案，如今域名已经成为一个非常重要的 NFT 分类。

为什么域名也可以成为 NFT？因为域名有很多特性都类似于收藏品，也就是接近 NFT 的逻辑。在域名的交易历史上，美图公司董事长蔡文胜堪称前辈，他曾经把 g.cn 和 265.com 打包以 1.7 亿人民币的天价卖给 Google。他出售过的域名还有 tudou.com、xiecheng.com、qiyi.com、weibo.com 等。

域名也是数字资源，每个域名都可以成为唯一的数字资产，可以买卖、拥有、交易，就像其他 NFT 一样。将域名作为 NFT，可以将它的独特性和稀缺性转化为数字资产的特征，从而增加其价值。区块链技术可以提供可信的所有权证明，通过将域名与 NFT 绑定，域名的所有者可以清晰地证明他们对该域名的拥有权，从而减少争议和非法转让。

还记得我们上一节创建的 MetaMask 钱包吗？创建钱包之后得到了一串 0x 开头的字符，那就是区块链钱包的地址，上一节创建的钱包地址是 0x73b91F26 b68c44C095f58f4CB7859353bDE00d51。这一长串字符凭借人脑记忆是极其困难的，那么每次转账操作就需要不断查找、复制和粘贴钱包地址，ENS 域名的出现解决了这个问题。

ENS（Ethereum Name Service，以太坊名称服务），是以太坊区块链上的一项服务，旨在将人类可读的域名映射到以太坊地址、智能合约和其他元数据。它的目标是提供一种对用户更友好的方式来访问和交互以太坊上的数字资产，取代烦琐的以太坊地址。每个进入 Web3 的人都应该注册并拥有一个 ENS，这已经成为行业标配和个人身份的一部分。

接下来，我们一起注册一个 ENS 域名并绑定自己的钱包，记住，域名也是 NFT 资产。

打开 ENS 注册新域名的页面 https: //app. ens. domains，在右上角点击"Connect"连接钱包（图 2.19），在下方的搜索栏里输入你想要注册的域名。所有域名最终都会加上".eth"的后缀，例如，本书示范案例计划注册域名为 nft101club，如果注册成功，则会得到一个 nft101club.eth 的 NFT 域名。

图 2.19　搜索想要注册的域名（来源：ENS）

搜索 nft101club 显示可以注册，很多情况下你想要的域名也许已经被注册，可以灵活使用各种组合设计自己的域名，目标是简洁、好记。点击要注册的域名进入下一步（图 2.20）。

图 2.20 确认、注册域名（来源：ENS）

首先选择注册年限，最短 1 年，年限延长价格越便宜，如果再考虑每次续费需要额外支付的 Gas 费用，注册年限长一些就更划算了。图 2.20 所示界面直接给出了注册不同年限可以节约多少费用，用户可以根据实际需求来选择。

域名的注册费用会以 ETH 和 USD 来显示，可以点击切换查看，本书示范案例注册时长 1 年总费用在 20 美元左右。通过勾选把注册的域名设置为"primary name"，意思是作为当前钱包的主要地址。如果注册成功，在转账、交易时直接输入 nftclub101.eth 就等于输入 0x73b91F26b68c44C095f58f4CB7859353bDE00d51，非常方便。

点击"Next"进入下一步，设置钱包的头像、资料，也可以直接跳过。注册过程比较人性化，所有操作都完成，你的第一个域名 NFT 就创建成功了（图 2.21）。

接下来，请尝试注册一个属于自己的 ENS 域名并绑定钱包吧。

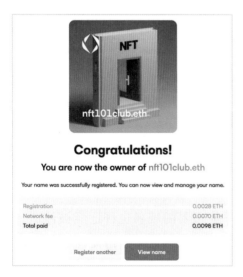

图 2.21 成功创建域名（来源：ENS）

2.1.5 在 The Sandbox 中创建游戏类 NFT

The Sandbox（沙盒）是一个基于区块链技术的虚拟世界和游戏平台，致力于创建一个用户驱动的、去中心化的虚拟宇宙，允许用户创建、拥有和交易虚拟资产，并将其转化为 NFT。创作者通过 The Sandbox 提供的创作工具可以设计和制作各种各样的 NFT，包括地形、建筑、装饰物、角色和游戏等，这些都是虚拟世界里的资产。

创作、销售游戏里的 NFT 资产成为 The Sandbox 里一个新兴职业，很多自由职业者用这样的方式每个月最高可以获得上万美元的收入。The Sandbox 宣布将于 2024 年推出 1 亿枚 SAND 游戏制作者基金（SAND Game Maker Fund），其基于 DAO 的选择系统不仅会奖励创作和内容，还会奖励它们在平台的参与度。接下来，我们一起梳理整个创作过程，The Sandbox 系统非常庞大，读者可以花更多时间仔细探索。

1. 注册并完善信息

首先，打开 sandbox.game 官网主页，点击右上角的"Sign In"或者"Create Account"。选择使用钱包登录"Connect My Wallet"，选择"MetaMask"，在弹窗完成签名就可以关联钱包。继续输入用户名、密码和邮件地址，点击"Continue"完成注册（图 2.22）。

图 2.22　注册、登录网站（来源：The Sandbox）

2. 下载安装创作工具

The Sandbox 提供了一系列创作工具辅助开发者设计、创建资产并转换成 NFT，同时还为游戏专门准备了动画工具、3D 建模工具等。VoxEdit 是 The

Sandbox 的官方 3D 建模和动画工具，它允许用户创建像素化的 3D 模型和动画。功能包括创建和编辑 3D 模型、添加动画和互动元素、设计复杂的角色和物品，以及导出创建的 3D 模型在虚拟世界中使用。NFT Creator 是 The Sandbox 提供的一项功能，通过 NFT Creator 用户可以将虚拟物品转化为 NFT，进行出售和交易，功能包括将虚拟物品关联到 NFT 智能合约、设置 NFT 属性和元数据、发布和推广 NFT。

点击左侧 "Create" → "Create Assents" 就可以进入 VoxEdit 的下载页面（图 2.23），软件支持 Windows 系统和 MacOS 系统。

图 2.23　下载 VoxEdit（来源：The Sandbox）

3. 按设计流程完成设计

在 VoxEdit 中，选择创建新的项目，然后选择创建新的角色、物品或模型，就可以开始创建 NFT 角色（图 2.24）。可以使用 VoxEdit 的工具和界面创建和编辑 3D 模型，添加和编辑像素块，创建模型的基本形状和细节。VoxEdit 提供了很好的模板和资源库，用户可以从中导入一些资源，调整模型的尺寸、颜色和位置等，以此熟悉软件的基本操作。

如果想为模型添加动画，VoxEdit 允许创建动画帧，设置关键帧和运动路径。用户可以为模型添加动画和互动元素。如果满意，用户就可以将这些元素导出为适用于 The Sandbox 平台的文件格式，通常是 VoxEdit 独有的文件格式。

4. 上架和发售 NFT

在 The Sandbox 中出售 NFT 的最佳方案是拥有一块虚拟土地，可以购买也可以租用（图 2.25）。通过将虚拟物品与虚拟土地相关联，其他用户可以查看、购买 NFT，甚至在虚拟工地进行互动。在这之前，还需要为 NFT 设置属性，包括名称、描述、标签和元数据链接。

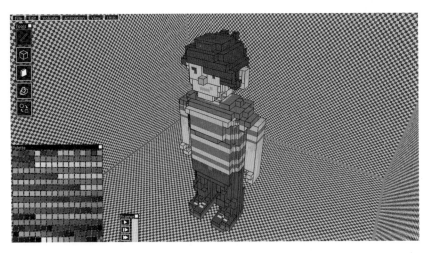

图 2.24　创建 NFT 角色（来源：The Sandbox）

VoxEdit 提供了一种相对容易的方式来创建像素化的 3D 模型和动画，适用于创作者、游戏开发者和虚拟世界构建者。这里只是一个简要的概述，VoxEdit 软件包含丰富的功能和工具，可用于更复杂的创作。读者可以通过 VoxEdit 官方网站或其他文档来获取更多详细信息和教程。

图 2.25　上架和销售 NFT（来源：The Sandbox）

2.2 查看、转移、销毁 NFT

创作或者购买了一个 NFT 之后要去哪里查看它、管理它？由于 NFT 是铸造在区块链上的公开、透明资产，任何人都可以查看，任何聚合程序也都可以集成，所以我们可以通过区块链浏览器、钱包或第三方聚合服务来完成这个工作。

2.2.1 通过三种方法查看 NFT

1. 通过区块链浏览器查看 NFT

区块链浏览器（Blockchain Explorer）也称为区块链探测器或区块链查看器，是一种用于查看和分析区块链数据的在线工具或网站。它充当了区块链的窗口，允许用户查看特定区块链的交易、区块、地址和其他关键信息。区块链浏览器起到区块链的公共账本和历史记录的作用，通过它人们可以透明地追踪和验证交易，以及探索区块链的运作方式。

区块链浏览器就像计算机的文件管理器，我们可以通过路径、检索等方式访问计算机里的文件，进而查看文件的各种属性。同理，区块链浏览器提供了一个公开接口，通过该接口用户可以查询、浏览和分析区块链上的数据。这个接口通常是一个网站，用户可以在其中输入地址、交易哈希或其他相关信息来获取相关数据，其中，Etherscan 是最常用的区块链浏览器。

打开 Etherscan 官网，我们想查看 2.1 节创建的钱包地址里是否有 NFT，如果有，NFT 的信息是什么。直接在搜索框输入钱包的地址，这里还用输入那一长串 0x 开头的地址吗？当然不用！我们刚刚完成了域名 NFT 的注册，现在就派上用场了，只需要输入"nft101club.eth"就可以了（图 2.26）。

通过 Etherscan 可以清楚地看见当前钱包的余额，近期各种类型资产的交易、转账、授权、铸造等信息，所有区块链上发生的事情都会被记录且永久保存（图 2.27）。想查看钱包里的 NFT，可以点击钱包图标，进一步查看资产详情。

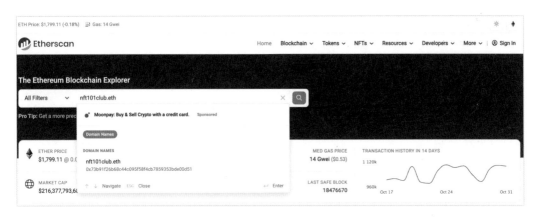

图 2.26　搜索查找钱包（来源：Etherscan）

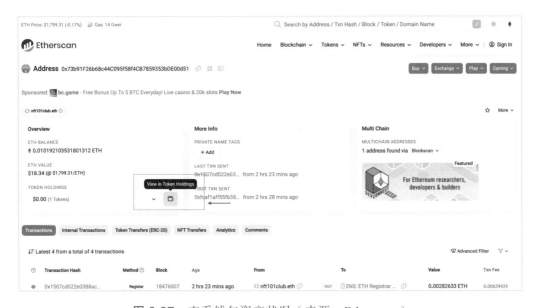

图 2.27　查看钱包资产状况（来源：Etherscan）

在钱包详情页可以看见 NFT 资产被分类好并统计出了数量，nft101club.eth 的钱包里有 1 个 NFT（图 2.28），在页面下方可以点击这个 NFT 查看关于它的各种属性信息。

这个 NFT 是域名类 NFT，详情页详细显示了铸造价格、销售价格、拥有者、合约地址、编号、格式、数量等信息。在 "Marketplaces" 点击 NFT 交易市场的小图标可以查看交易详情（图 2.29）。页面下方是这个钱包里所有 NFT 的区块链活动记录，每一次交互都有详细记录。

图 2.28　查看钱包资产详情（来源：Etherscan）

图 2.29　查看 NFT 链上活动情况（来源：Etherscan）

区块链浏览器也可以通过直接搜索 NFT 智能合约地址来查看 NFT 合集，配合 NFT 的编号就能找到某个 NFT 的详情页面。我们以知名 NFT 项目"小幽灵"（Weirdo Ghost Gang）为例，在 Etherscan 搜索智能合约地址 0x9401518f4eb ba857baa879d9f76e1cc8b31ed197 进入合集，再结合编号 3139 就可以查看这个 NFT 了（图 2.30）。

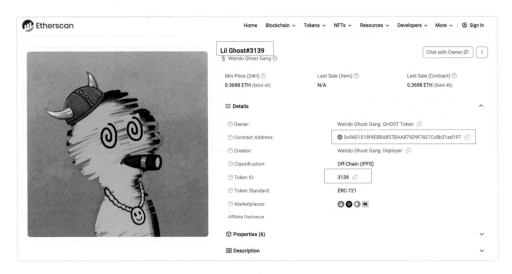

图 2.30　查看 NFT 详细信息（来源：Etherscan）

2. 通过钱包查看 NFT

越来越多的钱包终端支持直接在钱包里查看、管理 NFT，MetaMask 就在新版里启用了这个功能，另外 imoken、onekey、math 等钱包也都已经把这个功能做出来了。

第一次使用这个功能时，需要先在设置里打开检测 NFT 选项。具体操作方法是打开 MetaMask，切换到"收藏品"标签，点击下方的指引链接进行设置（图 2.31）。

回到"收藏品"页面，点击"刷新列表"就可以查看到钱包里的 NFT 了（图 2.32）。每个 NFT 都可以点击再查看详情，也可以对它进行转移等操作。如果钱包内没有正确显示 NFT，可以通过"导入 NFT"来添加，只需要输入 NFT 专辑的智能合约地址和 NFT 编号即可。

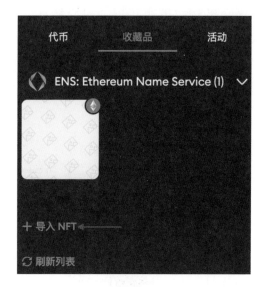

图 2.31　在 MetaMask 查看 NFT
（来源：Metamask）

图 2.32　在 MetaMask 导入 NFT
（来源：Metamask）

3. 通过交易市场查看 NFT

NFT 交易市场会直接从区块链上获取智能合约信息，所有 NFT 只要被铸造，理论上都可以在交易市场查到。使用钱包登录交易市场，可以在个人页面找到这些 NFT，并可以进行上架销售、转移等操作。我们以 OpenSea 为例，如图 2.33 所示，打开 OpenSea 的主页，点击右上角的"Login"，在弹出的界面选择

图 2.33　在 OpenSea 查看 NFT（来源：OpenSea）

"MetaMask"，完成钱包签名之后就可以成功登录。继续点击右上角圆形头像，点击"Profile"也就是个人主页，钱包里所有 NFT 都展示出来了。

2.2.2 通过两种方法发送 NFT

如果我想把自己的 NFT 送给朋友应该怎么做？其实很简单，就像在微信把图片传给对方一样简单。在区块链上，发送 NFT 意味着资产管理权限的转移，发送 NFT 后发送方会损失主人权限，接收方则获得这个权限，实际上，NFT 并没有发生转移。

1. 通过 OpenSea 发送 NFT

OpenSea 不仅仅可以交易 NFT，还可以完成基础的管理工作，其中就包含发送 NFT 这样实用的小功能。还是在图 2.33 的界面，我们先在个人主页找到需要发送的 NFT，鼠标移动到 NFT 会浮现出三个小点，点击可以出现"More Options"，发送功能就藏在这里（图 2.34）。

图 2.34　发送 NFT（来源：OpenSea）

点击"Transfer"，在新出现的页面输入对方的钱包地址，可以是 0x 开头的一长串，也可以是类似 .eth 结尾的去中心化域名（图 2.35）。正确输入后点击"Transfer"，扣除 Gas 费用后即可完成发送。注意，发送 NFT 时需要仔细核对信息，发送过程不可主动取消或中止。

2. 通过 MetaMask 发送 NFT

既然 NFT 也是一种数字资产，那是否可以在钱包里像转账一样直接发送 NFT 呢？可以的，MetaMask 可以完成这个工作，不过仅局限于 ERC-721 格式的 NFT。

在 MetaMask 点击"收藏品"查看钱包里所有 NFT，点击你想发送的 NFT 进入详情页面，在页面下方有一个按钮"Send"，点击之后在下一个页面输入对方的钱包地址，就可以完成发送（图 2.36）。

图 2.35　输入对方的钱包地址　　　图 2.36　通过 MetaMask 发送 NFT
（来源：OpenSea）　　　　　　　　　（来源：OpenSea）

接下来，请向 nft101club.eth 发送一个自己创作的 NFT 吧。

2.2.3　销毁 NFT

NFT 一旦在区块链上被创建，原则上无法被销毁，但还是有一些变通方法可以实现销毁的效果。常见方法是把 NFT 发送到"黑洞地址"，关于"黑洞地址"和销毁 NFT 的说法可能会引起混淆，因为它不是严格意义上的 NFT 销毁方式。

通常情况下，NFT 的销毁需要一个支持销毁操作的智能合约或特定的销毁方法。"黑洞地址"是一种特殊地址，它不属于任何实际用户或实体，而是被创建用于一种或多种特定目的。有一些项目或平台可能会使用所谓的"黑洞地址"来实现 NFT 销毁,这意味着将 NFT 发送到一个特殊的智能合约或地址,这个智能合约或地址会将 NFT 从供应中移除,看起来像是销毁了该 NFT。

销毁 NFT 通常是项目或平台的特定功能,并不全是通过"黑洞地址"来完成。不同的 NFT 项目可能会采用不同的方式来实现销毁,具体的 NFT 销毁方法取决于 NFT 属于哪个项目。如果想销毁某个特定项目的 NFT,建议查阅该项目的官方文档、社区或支持渠道,以获取详细的指南和操作方式。只有项目的官方信息才能确保正确地执行销毁 NFT 的操作,避免不必要的损失。

注意,销毁 NFT 是一个不可逆的过程,因此,在采取任何行动之前,请确保明确了解销毁的后果和项目规则。不建议通过未经验证的第三方服务或"黑洞地址"来销毁 NFT,因为这可能涉及潜在的风险和不确定性。

举例来说,0x0000000000000000000000000000000000000000 这个地址通常被称为"零地址"或"无效地址",不同于传统意义上的"黑洞地址"。零地址不属于实际的用户或智能合约,它是以太坊网络上一个特殊的保留地址。当将 NFT 或其他数字资产转移到零地址时,通常会发生以下情况:

▌ 无法取回

一旦 NFT 被发送到零地址,它将永远无法被取回。这是因为零地址不与私钥或智能合约相关联,因此无法执行任何操作。

▌ 燃烧或销毁

将 NFT 发送到零地址通常被视为一种燃烧或销毁操作。NFT 将从供应中被永久性地移除,不再存在于区块链上。

▌ 损失所有权

将 NFT 发送到零地址意味着你失去了对该 NFT 的所有权,不能再控制或交易这个 NFT。

综上所述,如果要销毁一个 NFT,首先要查看官方是否有对应的合约支持,如果没有,可以尝试发送到零地址以达到销毁 NFT 的效果。

2.3 购买、销售、展示 NFT

学会创建、发送 NFT，我们就可以认真规划下一步了。如果作品足够有吸引力，销售 NFT 会是一个很好的获利方式，事实上 NFT 已经成为创作者经济领域非常重要的一个分支。音乐人可以借助 NFT 发行专辑，筛选核心粉丝并与之互动；画家或设计师可以直接将作品变成 NFT 进行销售；作家可以把文字变成 NFT 并设计可互动的新型作品……创意无限就可以带来更丰富的生态内容。

另外一方面，NFT 也成为极好的收藏品。收藏家可以根据自己擅长的领域有目的、有计划地选择购买 NFT，不仅可以收藏也可以变成一种增值手段。但请注意，NFT 市场还是一个初级市场，价格波动比较大，请根据所在地政策谨慎参与。

2.3.1 通过三种方式购买 NFT

在 NFT 生态版图中有一个专门的衍生应用层，里面包括直接交易和衍生交易，市场提供了丰富的工具帮助收藏家寻找、选择和购买 NFT。

1. 通过交易网站购买

打开 OpenSea 主页，选择使用 MetaMask 钱包完成登录，之后我们可以用 3 种方式寻找自己想要的 NFT，这 3 种方式分别是搜索、排行榜和分类探索。知道 NFT 名称或者合约地址时可以直接用搜索功能找到项目；通过排行榜可以查看热门项目、新项目，从中筛选购买；OpenSea 还提供了编辑推荐和分类探索功能，可以从艺术、游戏、会员卡、音乐、PFP、摄影等分类里细化查找目标 NFT 项目。

举例来说，如果想要购买一个 Azuki NFT 当作头像，可以直接在 OpenSea 页面顶部的搜索栏输入"Azuki"，这时会自动出现一些匹配项目。注意，很多 NFT 都有仿冒产品，名称后面有蓝色认证标志的才是正品（图 2.37），如果某些作品还没有被认证，最好的办法是输入唯一的项目合约地址进行查找。

点击 OpenSea 页面顶部的导航栏"Stats"可以用排行榜、实时交易两种方式查看 NFT，我们选择"Rankings"（排行榜）进入下一级页面。在排行榜页面，通过时间、公链、分类都能进行更细致的查找，因为 Azuki 是大火的蓝筹类项目，所以在排行榜里可以直接看到（图 2.38）。

图 2.37　搜索 NFT 项目（来源：OpenSea）

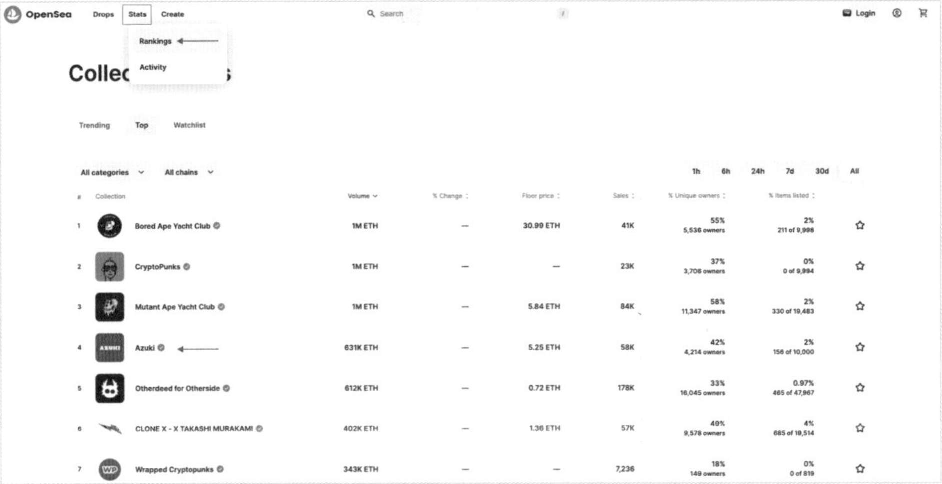

图 2.38　通过排行榜查找 NFT 项目（来源：OpenSea）

通过分类探索，选择 PFP 一样也可以找到 Azuki，另外 OpenSea 还有编辑推荐和算法推荐，优秀的 NFT 可以得到推荐位置，可以寻找到一些有潜力的作品（图 2.39）。

找到 NFT 项目之后点击进入就可以开始交易流程了。绝大多数交易市场都提供了"一口价"（buy now）、"出价"（make offer）、"拍卖"（place bid）三种方式，顾名思义，第一种是直接按卖家设置的价格购买，第二种是买家出价，如果卖家同意则达成交易，第三种则是不断出价，最终出价最高者获得购买资格。OpenSea 还提供了一种被称为"扫地板"的批量购买服务，可以帮助买家快速购买挂单价格最低的 NFT。

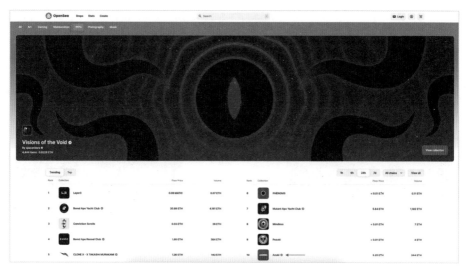

图 2.39　通过分类探索发现 NFT 项目（来源：OpenSea）

2. "一口价"和"出价"购买

找到一个想要购买的 Azuki，点击打开详情页面。编号 #7060 的 NFT 卖家要价是 5.42 ETH（图 2.40），约合 1 万美元，可以点击"Buy now"直接购买或点击后面的购物车图标暂时先添加到待结算清单。

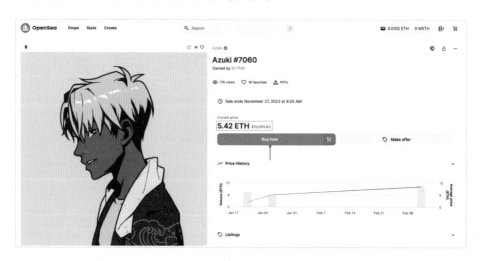

图 2.40　"一口价"购买 NFT（来源：OpenSea）

如果觉得价格太贵，可以点击"Make offer"按钮，设定一个有效时间，给卖家提供一个自己觉得合适的价格，注意，钱包余额必须大于等于出价金额，这部分资金会被暂时冻结。如果在有效期内卖家同意则会按出价金额成交，否则出价失效，资金解除冻结。

3. "拍卖"购买

OpenSea 提供了以拍卖方式购买和销售 NFT（图 2.41），拍卖方式是英式拍卖，英式拍卖也称为"价高者得"拍卖。出价方式类似于固定价格列表的出价，卖方可以随时选择接受出价，如果卖方接受出价，而不是让拍卖按照自己的条件完成，将由卖方支付 Gas 费用。注意，买家出价必须比之前的报价高出 5%。此外，如果卖家想结束拍卖，可以随时取消拍卖，但请注意，将产生 Gas 费用。

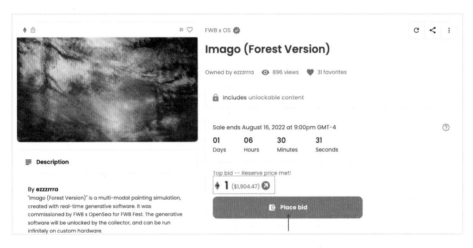

图 2.41 "拍卖"购买 NFT（来源：OpenSea）

和 OpenSea 类似，我们可以通过 SuperRare、LooksRare、X2Y2 等众多 NFT 交易市场购买 NFT，购买流程大致相似，每个交易市场都提供了一些独特功能，读者可以自行探索。交易市场的模式参考电子商务网站的架构，即卖家上架商品，买家浏览、搜索商品后购买，整个体验无限接近传统购物方式，易于理解。

4. 通过聚合服务完成交易

在 NFT 市场有一些专业交易者，他们需要更高级的交易工具辅助交易，比如批量购买、跨市场购买、跨专辑购买、高速购买等。Gem 和 Genie 是提供聚合服务的优秀产品，在创业一年后就分别被 OpenSea 和 Uniswap 收购整合，功能继续保留。

打开 OpenSea Pro 官网主页，右上角选择使用 MetaMask 登录（图 2.42），目标是通过 OpenSea Pro（前 Gem）跨市场购买 6 个 Otherside Koda。搜索打开这个 NFT 专辑页面，在筛选处先点击"市场"，勾选要从哪些市场购买，同时也可以筛选价格范围、NFT 的稀有度和属性等。

输入要购买的数量或直接拖动数值条，OpenSea Pro 会自动按设定的要求跨市场选择 NFT，图 2.43 中我们选择了 6 个 NFT，这些 NFT 分别来自 Blur、LooksRare 和 OpenSea。确认之后点击"项目数量和金额"按钮进入支付流程。

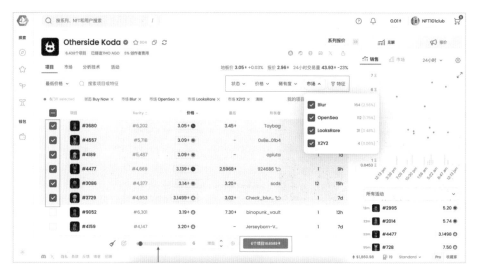

图 2.42　打开 OpenSea Pro（来源：OpenSea）

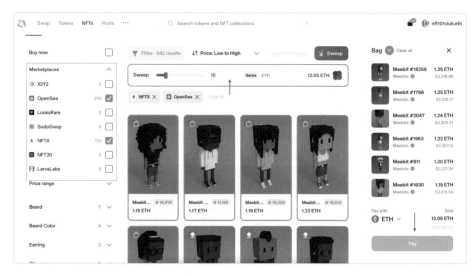

图 2.43　跨市场选择 NFT（来源：Uniswap）

Genie 被 Uniswap 收购之后，购买功能被整合进 NFT 交易板块，打开 Uniwap 官网主页，点击 NFT 就可以进入列表页面。通过搜索找到 3D NFT 代表作品之一 Meebits，点击进入专辑页面。在这里可以通过左侧的筛选栏勾选市场、价格、属性等条件，在页面中间输入或拖动数值条确认购买数量，右侧页面给出购物车里的购买清单，点击"Pay"按钮即可进入付款流程。

5. 使用定向销售工具

还有一种交易需求虽然小众但很实用，那就是把 NFT 卖给特定的人，但缺乏中间担保。定向销售就是上架一个 NFT 并设置目标钱包地址，限定只能该钱包的主人以约定的价格购买。

打开 X2Y2 官网主页，点击右上角选择使用 MetaMask 登录，继续点击右上角圆形头像选择"my item"。在这里可以看到钱包内所有 NFT，选择你想定向销售的 NFT 然后点击"Sell"，在弹出的页面进行设置。

左侧可以输入销售的价格和货币，给这次销售设置有效期，有效期结束后会自动下架。右侧输入对方的钱包地址，上架后只有这个钱包地址登录访问销售页面才有资格购买。点击"List"就可以完成上架，发送销售页面给对方即可达成交易（图 2.44）。

图 2.44　定向销售 NFT（来源：X2Y2）

除了 X2Y2，OpenSea Pro 也推出了定向销售功能。有了上述这些工具，用户就可以通过多种渠道销售 NFT，享受平台的服务。

2.3.2　上架销售 NFT

NFT 铸造好之后是公开放置在区块链之上的，交易网站会索引区块链数据，将每个 NFT 都生成一个销售页面，但需要创建者自行挂单销售，不同网站可以根据用户画像挂单不同价格。这就像我们生产了一个杯子，可以选择在淘宝上架定价为 29 元，在京东上架定价为 25 元，不同之处是传统电子商务网站数据不相通，每个网站都需要单独设计和制作商品详情页、填充数据，此时区块链的数据标准化优势就体现出来了。

用 MetaMask 登录 OpenSea 之后点击右上角的头像进入"profile"页面，这里是钱包里所有 NFT 的列表。把鼠标移动到想要出售的 NFT 上会出现"List for sale"字样，点击即可进入上架流程。如果你想一次性上架多个 NFT（必须是同一公链）可以点击后面的"…"，然后点击"Select"就可以使用多选功能（图 2.45）。

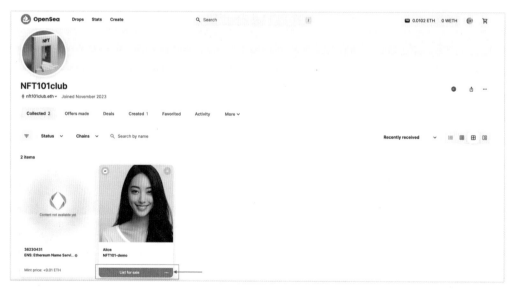

图 2.45　进入上架流程（来源：OpenSea）

在上架页面需要设置价格、有效期以及版税。版税是每次 NFT 被销售之后创作者可以获得的费用，OpenSea 可以设置合约规定的版税或自定义版税，另外，成功销售后 OpenSea 会抽取 2.5% 的费用。一切设置妥当，点击"Complete listing"，使用 MetaMask 完成签名授权、支付 Gas 费用就完成了 NFT 上架（图 2.46、图 2.47）。

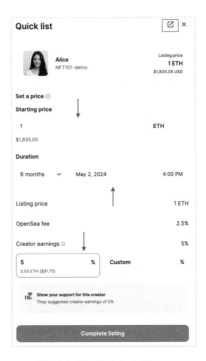

图 2.46　设置上架页面（来源：OpenSea）

其他人浏览刚才的 NFT 页面就会显示可以购买该 NFT。

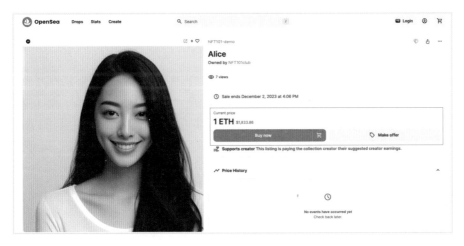

图 2.47　完成 NFT 上架（来源：OpenSea）

接下来，请你尝试上架 1 个 NFT 并用另外一个钱包进行购买，完成上架和销售体验。

2.3.3　多种方式展示 NFT

无论是自己创建的还是购买的 NFT，都需要展示它。在丰富的 NFT 生态应用里有许多软硬件服务都是为了提升展示 NFT 的体验而创建的。大多数 NFT 交易市场和平台都提供了用于展示 NFT 的个人资料页面。我们可以上传图像、描述和价格信息，并将 NFT 在个人资料中展示出来，其他用户可以通过浏览 NFT 市场来发现它们。如果拥有个人网站或博客也可以在其中创建一个专门的页面展示NFT 作品，这样可以提供更多的信息和背后的故事，以吸引潜在买家。另外，在类似 X 这样的社交媒体中，也逐渐加入直接把 NFT 作为头像等功能，NFT 能出现的地方越来越多。

打开 Oncyber 官网主页，点击右上角 "Login"，在弹窗选择使用 MetaMask 完成签名和登录。Oncyber 允许使用 The Sandbox 从零开始新建一个 3D/VR 虚拟世界，然后将 NFT 嵌入其中，观众可以用网页或 VR 眼镜观看。为了简化过程，我们选择利用模板创建 NFT，在首页点击 "Marketplace"，选择 "Free" 模板，这里请注意，如果有能力原创 3D 世界，也可以在这里创建 3D NFT 进行销售。

我们选择一款叫 X1 的免费虚拟世界模板，点击 "Create space" 进入创建流程。选择模板进入 3D 场景后发现墙上有很多画框，点击 "Add Asset"，在左侧导航栏选择 "NFT"，默认出现钱包里所有 NFT，点击选择你想在当前位置放置的 NFT 就可以把它放置在墙上。

还有一些高级选项可以修改，比如设置画框的颜色、尺寸、方向等，也可以给作品添加一些文字提示，就像真实的画廊一样（图 2.48）。除了钱包里的 NFT，历史上曾经铸造过的、购买过的 NFT 都可以显示出来，甚至可以通过搜索 NFT 合约添加一些钱包里没有的 NFT。

设置完成后可以一键发布，分享链接给好友，可以切换第三人称或第一人称视角观看，就像在逛美术馆一样。如果你有 VR 眼镜，还可以下载相关软件观看，体验更佳，大致效果如图 2.49 所示。

图 2.48　展示 NFT（来源：Oncyber）

图 2.49　观看 NFT（来源：Oncyber）

　　NFTPlay 是一个全新的 NFT 项目（图 2.50），它利用硬件设备与软件技术的交互，丰富 NFT 的线下展示、社交生态，增强 NFT 的效用（Utility）属性。通过智能硬件——电子屏幕帮助更多 NFT 玩家连接元宇宙和现实世界。NFTPlay 作为 NFT 生态的重要组成部分，已经成为 Web 2.0 和 Web3 之间的连接器，为 NFT 提供最佳的展示方式，让 NFT 在现实世界获得更多曝光，让更多人了解 NFT，也让 NFT 更出圈。

NFTPlay mini 和 NFTPlay Pro 是最新的两款 NFT 硬件，连接区块链钱包就可以将 NFT 动态显示在 10.1 寸或 21.5 寸屏幕上，支持静态图片、动态图片、视频等多种格式。目前主要支持 Ethereum，Polygon，正在陆续支持 Solana、BSC、Avalanche 与 Flow。利用 NFTPlay App，可以远程控制画框设备，调整画框上展示的 NFT、NFT 信息、背景等。

图 2.50　NFTPlay（来源：NFTPlay 官网）

　　NFTPlay 使用起来非常简单，购买硬件之后，使用 NFTPlay 遥控器连接 Wi-Fi，NFTPlay 将自动保存网络信息以便下次使用。下载 NFTPlay App，扫描硬件设备上的二维码，即可完成设备和 App 的连接，连接 MetaMask 或其他 NFT 钱包可以自动识别钱包中的 NFT。使用 NFTPlay App 可以选择单个或多个 NFT 进行展示，支持调整画框颜色、图像亮度、持续时间、音量等功能。

第 3 章

深入理解 NFT

简要了解 NFT 的基本概念、简明历史之后，我们一起以用户视角体验了创建、转移、购买和销售 NFT 的基本流程。现在是时候更进一步，从技术视角深入理解 NFT 的技术原理，更重要的是，理解在技术之外还可以带来形式上的创新。这些创新已经延伸到 NFT 生态版图的每个角落，本章将根据 NFT 的应用类型深入不同类型的典型项目，探究 NFT 的奥秘。

3.1 技术视角下的 NFT

在开发者眼中，NFT 是一个完整的技术开放项目，有完整的开发流程（图 3.1）、技术框架和标准。通过对开发流程的拆解可以从技术实现的各个环节深入理解 NFT。

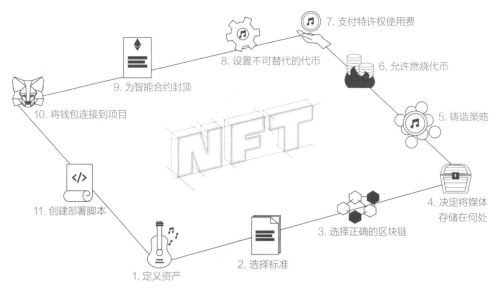

7. 支付特许权使用费

8. 设置不可替代的代币

6. 允许燃烧代币

9. 为智能合约封顶

10. 将钱包连接到项目

5. 铸造策略

11. 创建部署脚本

4. 决定将媒体存储在何处

3. 选择正确的区块链

1. 定义资产

2. 选择标准

图 3.1　NFT 开发流程示意图

1. 第一步：定义资产

开发的第一步是确认 NFT 的资产类型，通过链上和链下分离等多种方式，区块链已经可以支持绝大部分的文件格式。我们可以把静态图片、动态图片、音乐、视频、动画、文本等格式的文件制作成 NFT，需要根据文件类型来确认开发流程。

2. 第二步：选择标准

标准选择和业务逻辑相关，不同的业务类型需要选择不同的技术标准。例如，要发行一张图片格式的 NFT、数量为 100 份、固定价格，可以选择 ERC-1155 标准，如果要发行一个由 10 000 个不同头像组成的 PFP 类型 NFT，则可以选择 ERC-721 标准。除了前文已经介绍过的这两种标准，不同的区块链有不同的技术标准。

FFT

Flow 区块链采用自己的标准，称为 FFT（Flow Fungible Token），用于创建数字资产，Flow 上的 NFT 通常用于虚拟游戏和娱乐。

Polygon POS-ERC721

Polygon 是一个二层扩展解决方案，支持 ERC-721 标准，但也有自己的扩展标准，Polygon 的 NFT 通常用于构建低成本、高性能的去中心化应用。

Binance Smart Chain BEP-721

Binance Smart Chain 是一个以太坊兼容的区块链，支持自己的 NFT 标准，称为 BEP-721。这个标准与 ERC-721 类似，适用于 Binance Smart Chain。

Tezos FA2

Tezos 区块链采用自己的 NFT 标准，称为 FA2（代币合同标准），用于创建和管理 NFT。

Solana SPL

Solana 区块链采用 Solana SPL（Solana Program Library）标准，用于创建 NFT 和其他代币。SPL 是一种高性能的代币标准，支持多种代币类型。

这些标准可以根据不同区块链平台和 NFT 项目进行扩展和自定义，以满足特定的需求。选择什么样的标准取决于 NFT 项目的性质和所选的区块链平台。这些标准定义了 NFT 的属性、交易和功能，确保 NFT 的互操作性和可交换性。

3. 第三步：选择区块链

区块链是一种在计算机网络的节点之间共享的分布式账本。区块通过点对点网络在节点之间进行通信，并使用共识协议来验证新区块。本质上，区块链是信息的集合，这些信息存储在称为区块的组里。每个区块可以容纳一定量的信息，一旦区块被填满，它就会关闭并与前一个区块链接形成一条链。

选择区块链必须在业务类型、交易场景和用户画像之间取得平衡。每个公链都有自己独特的技术特性、生态环境、用户属性，NFT 最终的成功需要综合考虑各方因素。

■ 安全保障

根据 NFT 资产的价值，可能需要更高级别或更低级别的安全保障，以确保一旦交易在区块链上结算，就无法逆转或篡改。一些区块链通过共识机制和网络价值提供比其他区块链更好的安全保障。如果一条公链技术缺点明显、经常发生安全性事故，大部分高价值的 NFT 类型都不会选择在这条公链上发布，用户也不敢在这里操作大额资金进行交易。

■ 交易效率

交易效率对用户体验至关重要，交易完成和确认所需的时间可能会影响 NFT 整个使用体验。区块链最重要的因素之一就是交易速度。当我们需要一次性发行数千甚至数百万个 NFT，或者进行一次性交易时，交易速度就变得非常重要。另外，有一些 NFT 项目（比如游戏）需要高并发、快速响应，需要选择性能良好的公链，甚至可以学习 Axie 游戏，制造自己的公链。如今大多数区块链必须牺牲一些安全级别来换取更高的交易吞吐量，这就是经典的"区块链不可能三角"：去中心化、安全性和可扩展性（图 3.2）。

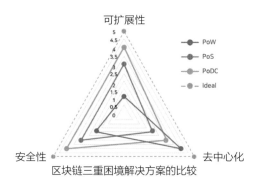

图 3.2 区块链不可能三角

这三个特征互相牵制，提高一个特征通常会降低另外两个特征的表现。具体来说，如果追求更高的去中心化，可能会降低可扩展性，因为去中心化要求每个节点都验证和存储整个区块链的数据，这会增加网络负担。相反，如果追求更高的可扩展性，可能需要牺牲一定的去中心化程度，因为为了提高交易速度，可能需要减少验证节点的数量，从而减弱了去中心化。

▌ 费 用

费用主要包括三项，第一项是 Gas 费，主要用于在区块链上存储和交易 NFT；第二项是账户费，由 NFT 市场对每个账户收取；第三项是上架和手续费，是上架、销售 NFT 时收取的费用。一般来说，区块链和交易市场上的 NFT 价格有所不同，主要取决于用户的需求，例如，使用的数据量、速度和可用性。

无论是用户还是解决方案提供商都要支付交易费用，区块链的交互成本非常重要。和"区块链不可能三角"类似，生态繁荣的公链费用比较高，一些新兴的区块链费用则比较低。将数字文件转换为存储在区块链上的数字资产的铸造过程也需要大量计算，Gas 费是帮助矿工维护区块链记录的一种方式。根据当前的 Gas 价格和需求，单次 NFT 转账的成本可能在 50 美分到 15 美元。

▌ 审计隐私

NFT 的业务类型决定了交易是完全可审计的，还是只能由封闭式特定角色访问。大多数区块链都是匿名的，虽然身份不能泄露，但可以完全确定地追踪。如果用户关心这方面的问题，可以选择在此问题上有优先功能的公链。

4. 第四步：存储数据

NFT 通常包含元数据，如图像、音频、描述和配置文件，我们需要选择一个元数据存储解决方案，确保元数据的稳定性和可用性。存储方式分为中心化托管和去中心化文件存储（图 3.3）。中心化托管和传统互联网使用阿里云、亚马逊

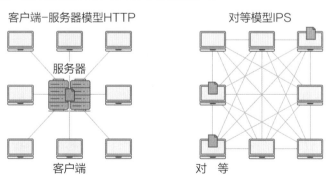

图 3.3   不同类型服务器的通信结构示意图（来源：Cointelegraph）

云一样，把 NFT 文件存储在这些中心化云存储服务上。这样做的好处是开发便捷、技术支持好，缺点也很明显，中心化服务机构存在中心化控制危机，包括技术故障、经营问题、隐私问题等。一般 NFT 项目都会选择把文件存储在类似 IPFS 的去中心化文件系统里。

IPFS（InterPlanetary File System，星际文件系统）是一种分布式文件系统和通信协议，旨在创建一个全球分散、高度可用的文件传输系统，目标是解决传统互联网存在的中心化、带宽限制和数据冗余的问题。IPFS 由计算机工程师 Juan Benet 于 2015 年推出，并由 Protocol Labs 团队维护。这个团队还创建了 Filecoin，这是一种基于区块链技术的协作式数字存储和数据检索方法。基本上，IPFS 可以理解成一个点对点（P2P）分布式系统，用于存储、访问和共享文件、网站、应用程序和数据，建立在去中心化环境的基础上，并结合了 Torrent 的分布式和带宽节省技术。IPFS 应用广泛，可以用于创建分布式应用程序，构建更加去中心化的互联网，实现数据冗余和备份，以及提供内容传输和共享。IPFS 在区块链和 NFT 领域得到广泛应用，可以用来存储 NFT 的元数据和图像，确保它们的可用性和不变性。

技术层面，IPFS 使用分布式存储模型，文件被分割成小块存储在网络的多个节点上，这意味着文件不再依赖于单一的中心化服务器，而是存储在全球各地的节点上。IPFS 使用内容寻址作为标识文件的方式，而不是传统的位置寻址（图 3.4）。每个文件块都由其内容的哈希值唯一标识，这意味着无论文件存储在何处，只要内容不变，哈希值都将保持不变。IPFS 节点会自动缓存访问的文件块，从而提高数据的可用性和传输速度。此外，节点之间可以共享已缓存的文件块，减少对中心服务器的依赖。IPFS 构建在一个点对点（P2P）网络上，允许用户之间直接交换数据而不需要通过中介，这不仅降低了带宽成本也增加了网络的扩展性。IPFS 使用 Merkle DAG 数据结构，这是一种将数据块连接在一起的方法，其中每个数据块都包含前一个数据块的哈希值，这种数据结构支持版本控制和数据完整性验证。IPFS 支持离线访问，数据可以在本地缓存，用户可以在没有互联网连接的情况下访问已缓存的文件块。IPFS 允许加密传输，确保数据在传输过程中的安全性和隐私性。

集中式网络和分散式网络的主要区别在于如何识别和检索数据。在集中式网络中，人们依靠受信任的实体来托管数据并使用基于位置的统一资源定位器

位置寻址与内容寻址

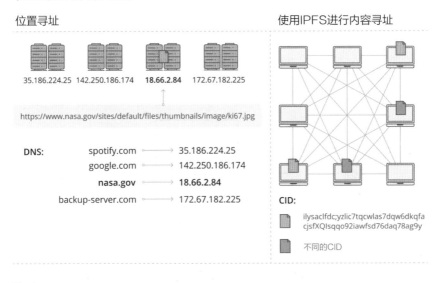

图 3.4　不同类型服务器的寻址方式示意图（来源：Cointelegraph）

（URL）访问数据。相比之下，IPFS 网络使用内容寻址系统，内容本身在帮助人们寻找内容方面发挥关键作用。在 IPFS 中，每段内容都由称为 IPFS 内容标识符（Content Identifier，CID）的唯一哈希值来标识。这意味着内容是根据其哈希值而不是其位置来存储和检索的，使数据操纵变得更加困难。

NFT 项目通常会使用 infura、fleek、pinata、Alchemy 等提供的 IPFS 集成服务。这些服务在 IPFS 的基础上创建了许多技术框架、API 接口或图形操作界面，大大简化了 NFT 的存储和开发难度。

5. 第五步：编写智能合约

设置好存储方案之后，在业务层需要完成制定铸造策略、设置部署 NFT 代码、设定版税、设置是否允许销毁等工作。这些步骤都需要和智能合约关联到一起（图 3.5），智能合约为 NFT 的创建、交易、管理和使用提供了强大的功能。它赋予了创作者、收藏家和平台更大的控制权和自动化能力，在确保 NFT 的唯一性、真实性和透明性的同时，简化了 NFT 的交易和管理。

智能合约的概念最早由计算机科学家、密码学家、法学家 Nick Szabo 在 20 世纪 90 年代提出。他于 1996 年首次在一篇名为 "Smart Contracts：Building

Blocks for Digital Markets"的文章中详细讨论了智能合约的理念。在这篇文章中，Szabo描述了一种新型合同，它能够通过计算机程序自动执行，无须第三方或中介的干预。Szabo认为，智能合约可以在数字领域实现与传统法律合同相似的功能，但更加高效、可靠和自动化，并将其比喻为自动售货机，只要符合合同条件，就能自动交付产品或服务。

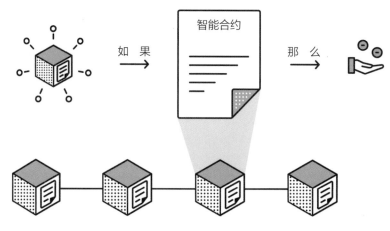

图 3.5　关联智能合约

虽然 Szabo 提出了智能合约的概念，但智能合约的实际应用是在区块链技术的发展中广泛采用的。以太坊是第一个将智能合约引入区块链的平台，推动了智能合约的广泛应用和发展。

智能合约是一种特殊类型的计算机程序，它运行在区块链等分布式网络上，自动执行合约条款、协议和交易。智能合约的主要特点是在没有中介的情况下，通过自动化方式执行合约中的条件和约定。这是通过将合同的规则编写成可执行代码来实现的，这些代码在区块链上执行，确保合同的不可篡改性和自动执行性。为了更好地解释智能合约，下面我们通过一个简单的例子来理解它。

假设魏波的父母每周都会给他零花钱，但有一些条件，例如，他需要完成家庭作业，遵守晚上 10 点的宵禁和每周一小时的户外活动，父母和他之间有一份书面合同，规定了这些条件。现在，假设这个合同是一个智能合约，这个智能合约被编写成代码，并且在一个特殊的应用程序中运行，该应用程序可以访问魏波和他父母的信息，接下来让我们看看智能合约是如何工作的。

▊ 自动执行

一周结束时，智能合约会自动检查以下条件：魏波是否完成了家庭作业，是否遵守了晚上 10 点的宵禁，以及是否进行了足够时间的户外活动。

▊ 条件检查

智能合约会查看魏波的家庭作业完成情况，晚上 10 点之后是否有使用电子设备的记录，以及户外活动的时间是否达到要求。

▊ 奖励或处罚

如果魏波满足所有条件，智能合约会自动向他发送零花钱。如果他没有满足所有条件，则可能会采取相应措施，如减少他的零花钱。

这就是智能合约的工作原理，它根据预设条件自动执行合同。这些条件、奖励或处罚是由合同的参与者共同定义的，在这个例子中，合同的参与者是魏波和他的父母。

现在，我们将智能合约应用到区块链，对上述案例的逻辑关系进行抽象，参考以下代码实现这个有关零花钱的活动。

```solidity
//SPDX-License-Identifier: MIT
pragma solidity ^0.8.0;
contract AllowanceContract {
    address public owner;
    address public child;
    uint public weeklyAllowance;
    uint public homeworkReward;
    uint public curfewPenalty;
    uint public outdoorActivityRequirement;
    uint public balance;
    constructor(address _child, uint _allowance, uint _reward,
      uint _penalty, uint _requirement) {
        owner = msg.sender;
        child = _child;
        weeklyAllowance = _allowance;
        homeworkReward = _reward;
        curfewPenalty = _penalty;
        outdoorActivityRequirement = _requirement;
        balance = _allowance;
    }
    modifier onlyOwner() {
```

```
        require(msg.sender == owner, "Only the owner can call
          this function");
        _;
    }

    modifier onlyChild() {
        require(msg.sender == child, "Only the child can call
          this function");
        _;
    }
    function setAllowance(uint _allowance) public onlyOwner {
        weeklyAllowance = _allowance;
        balance = _allowance;
    }
    function receiveHomeworkReward() public onlyChild {
        balance += homeworkReward;
    }
    function violateCurfew() public onlyChild {
        balance -= curfewPenalty;
    }
    function fulfillOutdoorActivityRequirement() public onlyChild {
        balance += weeklyAllowance;
    }
    function withdrawAllowance() public onlyChild {
        require(balance >= weeklyAllowance, "Insufficient balance");
        balance -= weeklyAllowance;
    }
}
```

上述代码模拟了"自动发送零花钱"示例中的功能。父母（owner）与魏波（child）创建一个合同，合同定义了每周零花钱的金额、完成家庭作业的奖励、违反宵禁的处罚和户外活动的要求等条件。父母可以设置每周零花钱的上限，魏波可以领取奖励、处罚或提现零花钱，合同自动跟踪零花钱余额。请注意，这只是一个示例，实际情况会更复杂。

当涉及智能合约和区块链开发时，Solidity 是一种非常重要的编程语言。Solidity 是一种面向对象的高级编程语言，常用于以太坊和其他以太坊虚拟机（Ethereum Virtual Machine，EVM）兼容的区块链平台。Solidity 主要用于创建智能合约，这些合约可以用于多种用途，包括加密货币、去中心化金融（DeFi）、非同质化代币（NFT）、供应链管理、投票和治理、数字身份验证等。以太坊的众多去中心化应用都使用 Solidity 编写的智能合约。

我们通过极简的"Hello World"示范代码来简单介绍 Solidity 的代码格式和部署方式，如果想更系统学习智能合约编程可以参考科学出版社出版的《Solidity极简入门》一书。在示例中首先选择开发工具，Remix 是以太坊官方推荐的智能合约集成开发环境（Integrated Development Environment，IDE），图形化的操作界面对新手友好，无须下载，可以在浏览器里直接完成代码编写和部署。

打开 Remix 官网，最左侧一栏从上到下分别是"文件""搜索""编译"和"部署"（图 3.6），也是创建一个项目的标准流程。点击"New File"可以新建一个文件，我们将它命名为"NFT101"，点击文件名，在右侧展开的界面就可以输入代码了（图 3.7）。

图 3.6　Remix 官网（来源：Remix）

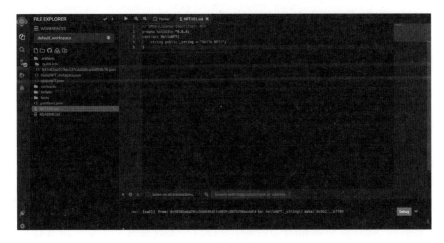

图 3.7　输入代码（来源：Remix）

示范代码很简单，主要实现一次声明变量并赋值，代码如下：

```solidity
//SPDX-License-Identifier: MIT
pragma solidity ^0.8.4;
contract HelloNFT{
    string public _string = "Hello NFT!";
}
```

现在，我们用更简单的语言来解释这段代码，这是一个名为"HelloNFT"的智能合约，它包含了一个公共字符串变量 _string，该变量的初始值是"Hello NFT!"。任何人都可以查看这个合约，并读取 _string 变量的内容。这个合同的目的非常简单，只是向区块链上的用户展示"Hello NFT!"这个字符串。分析代码结构，可以发现 Solidity 语法非常简单、友好，新手也很容易上手。

```solidity
//SPDX-License-Identifier: MIT
```

第一行声明了软件许可，并用"//"注释掉，被注释掉的内容程序不会执行，在这里，合约使用 MIT 许可，这是一种常用的开源许可证，允许其他人自由地使用、修改和分发该合同的代码。

```solidity
pragma solidity ^0.8.4;
```

第二行是 Solidity 的编译版本声明，它告诉编译器在编译合同时要使用的 Solidity 版本。在这里，指定使用 0.8.4 版本的 Solidity 编译器，有助于确保代码与指定版本的 Solidity 兼容。

```solidity
contract HelloNFT{:
```

第三行是合约的声明开始，合约名为"HelloNFT"，它是智能合约的主体。

```solidity
string public _string = "Hello NFT!";
```

第四行是合约内的变量声明和赋值。在这里，我们声明了一个名为 _string 的公共（public）字符串变量，并将其初始化为"Hello NFT!"。合约的用户可以访问和读取 _string 变量的内容。

接下来我们就可以编译、部署、测试这个合约。

Remix 的编译功能非常简单，只需要按住"Ctr + S"（Windows 系统）或者

"CMD + S"（MacOS 系统）就可以编译。编译之后点击左侧菜单栏的"部署"
按钮进入部署流程。Remix 大大简化了部署、测试的流程，使用支持浏览器的虚
拟机来运行智能合约，并且把测试账户、测试币（智能合约部署需要 Gas 费）都
自动分配好了，非常方便。

点击"Deploy"就可以一键部署智能合约，部署成功后页面左侧下方会出现
已经部署的合约，点击"_string"按钮（图 3.8），如果一切正确就会输出我们
给它赋值的属性"Hello NFT!"

图 3.8 部署、测试合约（来源：Remix）

这个示例是一个非常基础的智能合约，目的是向新手展示智能合约的结构和
基本语法。智能合约可以实现更复杂的逻辑和功能，但这个示例足够帮助新手理
解智能合约的基本要素。

假设要创建一个简单程序来实现图 3.1 中的部分功能，包括创建、转让和分
配版税，我们可以使用 Solidity 编写智能合约来完成，示意代码如下：

```
//SPDX-License-Identifier: MIT
pragma solidity ^0.8.0;
// 导入 OpenZeppelin 的 ERC721 合同库，用于创建 NFT
import "@openzeppelin/contracts/token/ERC721/ERC721.sol";
import "@openzeppelin/contracts/access/Ownable.sol";
// 创建 NFT 合同，继承 ERC721 标准和 Ownable 合同，Ownable 合同用于管理合同的所有者
```

```
contract MyNFT is ERC721, Ownable {
    constructor() ERC721("MyNFT", "NFT") {} // 设置 NFT 名称和符号
    // 创建 NFT
    function createNFT(address to, uint256 tokenId,
      string memory tokenURI) public onlyOwner {
        _mint(to, tokenId); // 创建 NFT
        _setTokenURI(tokenId, tokenURI); // 设置 NFT 的元数据 URI
    }
    // 转让 NFT
    function transferNFT(address from, address to, uint256 tokenId) public {
        require(ownerOf(tokenId) == from, "Not the owner of this NFT");
        safeTransferFrom(from, to, tokenId);
    }
    // 分配 Royalty
    function distributeRoyalty(uint256 tokenId, address[] memory
      recipients, uint256[] memory shares) public onlyOwner {
        require(recipients.length == shares.length,
          "Array length mismatch");
        for (uint i = 0; i < recipients.length; i++) {
            require(shares[i] <= 100, "Invalid share percentage");
            payable(recipients[i]).transfer((address(this).balance *
              shares[i]) / 100);
        }
    }
}
```

至此，我们从开发者的技术视角完整体验了一遍创建 NFT 涉及的技术，主要包括技术标准、智能合约、编程语言、分布式存储和公链。通过区块链技术，NFT 具备了唯一性、无须许可访问、公开透明等属性，这些属性叠加资产本身的特性组成了完整的数字商品。在技术视野里，NFT 可以简化成一种通过智能合约控制的、存储在分布式网络上的特殊通证。

3.2　多链、跨链与全链 NFT

在上述章节我们多次提到公链、多链，NFT 生态版图已经扩张到每个公链，可以理解为微信的 App 开始支持各种操作系统，比如 iOS、Android、Windows、MacOS 等。那么每个公链之于 NFT 到底有什么优劣？创作者又该如

何选择？本节先介绍支持 NFT 的主要公链，然后探索不同公链之间 NFT 如何转移，并介绍一种全新的 NFT 玩法——全链 NFT。

3.2.1 NFT 的主要公链

NFT 并非生而平等，为 NFT 选择区块链可能非常困难，因为从技术角度来看，公链将直接影响项目的性能、可扩展性、安全性和用户体验。不同类型的项目可能需要不同的公链作为支持，具体选择哪个公链取决于项目的需求、目标和优先级。就常用公链来说，除了第 1 章介绍的对 NFT 友好的公链，下面展开介绍最大的 4 个公链。

1. 以太坊

以太坊是 NFT 项目最大且最受欢迎的区块链，这里不仅有 BAYC、CryptoPunks、Azuki 等著名 NFT 项目，同时也有 OpenSea、Rarible、SuperRare 等 NFT 交易市场。以太坊高度去中心化，无须中介机构即可提供 NFT 所有的技术标准、开发工具和框架并附带技术文档，帮助开发人员构建智能合约。

智能合约和 ERC-721 标准的出现可以理解成现代意义上 NFT 的起点，它们是大多数现有 NFT 的基础，未来将出现更丰富的 NFT 生态产品。在以太坊完成从 PoW（Proof of Work）向 PoS（Proof of Stake）的转变之后，困扰已久的 Gas 费用问题得到了一定缓解，虽然网络响应速度并未得到提升，但这次转变使网络的能源消耗减少了 99% 以上，使得以太坊成为一个更加节能、环保的区块链。

通过分片和权益证明，以太坊可以处理 20 000 ~ 100 000 笔交易。此外，以太坊联合创始人 Vitalik Butherin 表示，根据他概述的路线图，以太坊 2.0 将允许主要智能合约平台扩展到 100 000 TPS。

2. Solana

自 2019 年推出以来，Solana 是 NFT 销量可能超过以太坊的最大候选者之一。除了高性能，它还是加密领域中最快的可编程区块链之一，每秒可以处理大量交易。由于其低碳含量（这是区块链技术解决的最大问题之一），可以用环保、经济且高效的方式铸造和存储 NFT。Solana 的独特之处在于它结合了历史证明（PoH）和权益证明（PoS），从而提供了混合共识算法。在 PoH 期间，区块链

速度极快同时保持良好的安全性。Solana 生态系统还是增长最快的 NFT 平台之一，知名的 NFT 包括 Degods、Okey Bear、Aurory 等，交易市场方面 Magic Eden 占据绝对优势。尽管它相对较新并且因 FTX 倒闭事件受到严重影响，但是良好的开发者生态、活跃的创作者以及 Solana 本身区块链技术优势、极低的费用，让 Solana 仍然显示出巨大的前景。

平均而言，Solana 网络以每秒 3000 笔交易的速度处理数据。由于拜占庭容错技术可以减少交易时间，提高交易效率，它每秒可以处理高达 65 000 笔交易。未来预计能够达到每秒 71 万笔交易。

3. Polygon

Polygon 公链基于以太坊，提供可扩展、安全和基于实例的交易。它被称为以太坊的 Layer2 解决方案，扩展了以太坊并继承了其安全保证，也被称为侧链。Polygon 是一个多链生态系统，允许新产品连接到以太坊，除了以太坊的兼容性、可扩展性、安全性和开发人员体验，每个有效的以太坊地址也是有效的 Polygon 地址。

在 OpenSea 等交易市场中，Polygon 已被用来销售 NFT 项目。由于其可扩展性及与以太坊虚拟机（EVM）的兼容性，Polygon 可以构建可扩展的解决方案，同时也与更快的交易兼容。Polygon 是一个动态平台，创建 NFT 时没有前期成本，但出售 NFT 时需要付费。很多人对 Polygon 不熟悉，愿意用 Polygon 构建 NFT 的人有限，而且 Polygon 也以对初学者而言具有挑战性而闻名。从 2023 年开始，Polygon 陆续引入了 Meta（Facebook）、星巴克、Reddit 等传统品牌加入 NFT，这一破局之作堪称经典，现在，Polygon 已经成为 Web 2.0 品牌进入 Web3 的首选公链。

Polygon 目前最快的交易速度可以达到每秒 65 000 笔。单从速度上来看，以太坊 2.0 合并也无法击败 Polygon。

4. 币安智能链

2020 年币安智能链（BNB Chain）上线，增加了对以太坊智能合约的支持，使其成为流行的以太坊替代品，现在已经可以使用自己的技术标准如 BEP-721 和 BEP-1155 创建 NFT。币安智能链支持以太坊 Dapp（去中心化应用）和工具，这使得开发人员可以更轻松地从以太坊区块链导入项目。由于币安智能链速度超快，因此它可以在大多数 NFT 项目中以较低的费用实现高水平的交易率。

但是币安智能链很大程度上是中心化的，中心化的系统更容易出现系统故障甚至黑客攻击。被称为权益证明（PoSA）的共识模型具有较短的出块时间和较低的费用，这为它的 NFT 市场带来了竞争优势。

作为 2023 年路线图的一部分，币安智能链的目标是将验证者数量从 29 个增加到 100 个。吞吐量从 1.4 亿 Gas 限制和 2200 TPS 增加到 3 亿 Gas 限制和 5000 TPS。

3.2.2　跨链 NFT 如何运作

从技术层面来说，NFT 是区块链上的数字资产，具有不同于链上其他资产的唯一标识符。现实问题是 NFT 始终由智能合约实现，而智能合约又始终依附于某个特定的区块链。因此，NFT 不能跨链使用，不同区块链上的用户也无法交互，除非他们切换到不同的区块链。这就是为什么我们要花大篇幅讲解不同公链的情况。

2023 年 3 月 30 日，Solana 公链上著名的 NFT 项目 Y00ts NFT "搬家" 到 Polygon，之后，该项目又迁移到以太坊。除此之外，Degods 也从 Solana 迁移到以太坊，而以太坊的蓝筹项目之一 Doodles 则将 Doodles 2 迁移发布在 Flow 公链上。

从技术视角，我们知道 NFT 本质上是通过连接单个区块链的智能合约来实现的，智能合约控制 NFT 的实现要素：铸造多少、何时铸造、需要满足什么条件来分配它们等。这意味着任何跨链 NFT 的实现都需要两个区块链上至少有两个智能合约以及它们之间实现互连。考虑到这一点，跨链 NFT 可以通过图 3.9 中的三种方式实现。

1. 销毁和铸造

NFT 所有者将 NFT 放入源区块链的智能合约中并销毁它，实际上是将其从该区块链中删除。完成此操作后，将根据相应的智能合约在目标区块链上创建等效的 NFT。这个过程可以在两个方向上发生。

图 3.9　跨链 NFT 的实现方式（来源：Chainlink 官网）

2. 锁定和铸造

NFT 所有者将 NFT 锁定到源区块链的智能合约中，并在目标区块链上创建等效的 NFT。当所有者想要将 NFT 移回时，他们会销毁 NFT，并在源区块链上解锁 NFT。

3. 锁定和解锁

同一个 NFT 集合在多个区块链上铸造。NFT 所有者可以将 NFT 锁定在源区块链上，以解锁目标区块链上的等效 NFT。这意味着在任何时间点都只能主动使用单个 NFT，即使跨区块链存在该 NFT 的多个实例。

不管采用哪种方式，中间都需要一个跨链消息传递协议将数据指令从一个区块链发送到另一个区块链。这是因为区块链本身无法与外部世界通信。例如，传递 NFT 已被销毁的信息，以便在另一条区块链上铸造相同的 NFT。但跨链消息传递协议也是人们担忧跨链 NFT 的根源，Chainlink 提供了跨链互操作协议（Cross-Chain Interoperability Protocol，CCIP）来解决这个问题。

CCIP 试图通过利用 Chainlink 去中心化预言机网络来规避传统中心化跨链的安全隐患。从功能来看，CCIP 主要实现了两个核心功能，即消息传递和资产转移。通过使用 CCIP 的任意消息传递功能来帮助跨链 NFT 实施，NFT 项目可以让用户跨区块链访问其 NFT。这是跨链 NFT 的第一个功能——抽象出底层区块链，并使任何 NFT 在其选择的区块链上可供用户使用。

不仅是 NFT，NFT 的衍生金融协议也可以使用 CCIP 顺利完成跨链通信和迁移。例如，NFTFi 借贷平台现在可以让用户在一条区块链上发布抵押品，同时借用另一条区块链上存在的替代数字资产。从长远来看，将代币化的房地产 NFT 作为跨链贷款的抵押品是可能的。

越来越多的前端页面开始支持用图形界面来实现跨链 NFT，Wormhole、Galxe Stargators 都提供这样的服务。如图 3.10 所示，只需先选择当前 NFT 所在的区块链，然后选择目标区块链，点击"Bridge"就可以完成跨链操作。让 NFT 能跨链实际上解决了各区块链之间的资产流通问题，用户的资产应该完全由用户控

图 3.10　跨链 NFT（来源：Galxe）

制，他们可以自由选择任何自己想要放置资产的区块链。随着技术的发展，跨链会逐渐成为 NFT 标配的功能之一。

 3.3 数字藏品与联盟链

如火如荼的 NFT 也被引入中国并完成了本土化实践，国内 NFT 的变种被称为"数字藏品"，而承载数字藏品的系统被称为联盟链。虽然形式相同，但 NFT 和数字藏品从技术、运营方面来看是完全不同的两个东西。

数字藏品是一种利用区块链技术创建的独特数字凭证，与特定作品和艺术品相对应。它的主要目的是在确保数字版权的安全性的基础上，实现真实可信的数字发行、购买、收藏和使用。国家新闻出版署科技与标准综合重点实验室区块链版权应用中心主任刘天骄指出，国内的数字藏品与国外的 NFT 有三方面不同。

首先，国外的 NFT 构建在公开区块链上，这意味着任何人都可以参与、查看数据、进行交易等。"国外的 NFT 最核心的特点是不受管理，不受控制，没有任何人或机构进行监督。而国内的数字藏品则是基于联盟链，许多区块链和联盟链是由政府建立的基础设施，受国家管理。"

其次，在数字藏品的内容发行方面，国外的 NFT 通常不需要经过版权审核，但国内规范的数字藏品必须经过内容审核才能上链并进行发布。"我们将数字藏品视为数字出版物，这意味着它必须通过出版和发行程序后，才能在市场上流通和出售。"

再次，国外的 NFT 通常代表的是虚拟事物或作品，其传递的不一定是真正的数字文化或版权作品的价值。"国内的数字藏品通过应用区块链技术，具备可溯源、不可篡改、公开透明等特性，以使数字文化要素能够在市场上流通，并将数字文化产品和版权作品的价值进行锚定。"

承载数字藏品的基础设施被称为联盟链（Consortium Blockchain），它也是一种特殊的区块链网络，主要由多个独立实体（通常是组织或企业）共同管理和维护。与公共区块链不同，联盟链的访问通常受到限制，只有经过授权的参与者才能加入网络、验证交易和查看区块链数据。联盟链通常用于协作、共享数据和建立信任的场景，其中不同组织之间需要合作，但也希望保留某种程度的控制权和隐私性。

授权访问

只有经过授权的参与者才能加入联盟链网络。参与者可以是政府机构、企业、非营利组织等，通常必须满足一些条件或规则才能参与。

权威验证

在联盟链中，交易通常由网络内部的一组验证节点（通常是参与者的一部分）验证。这些验证节点负责确认交易的有效性，而不需要像公共区块链那样依赖去中心化的矿工。

高性能

联盟链通常能够提供更高的性能和吞吐量，因为其网络规模相对较小，节点之间的通信速度更快，这使得它适用于需要高速交易处理的场景。

隐私性

联盟链通常提供更好的隐私性，因为参与者可以控制数据，并且不是所有数据都对所有参与者可见。这对于商业和法规要求高度隐私性的用例非常重要。

可扩展性

联盟链的设计通常更加灵活，可以根据参与者的需求进行定制。这使得它适用于不同的行业和用例，包括供应链管理、金融服务、医疗保健、物联网（IoT）和数字身份验证等领域。它提供了一种中间地带，介于完全公开的公共区块链和完全私有的传统数据库之间，允许多个组织之间建立信任和合作，同时保持一定程度的控制权和隐私性。

目前，中国已有一些知名的联盟链项目，这些项目通常由政府、大型企业或行业联盟主导，旨在支持特定的用例和应用。比如百度超级链（Baidu SuperChain），互联网巨头百度推出的联盟链项目，旨在提供高性能、高扩展性的区块链基础设施，支持供应链管理、数字版权、溯源和金融服务等应用；阿里云区块链（Alibaba Cloud Blockchain），用于构建和部署企业级区块链解

决方案，支持多个行业，包括供应链、物联网、金融和政府；蚂蚁区块链（Ant Blockchain），蚂蚁集团旗下的区块链项目，提供去中心化应用和智能合约平台，支持金融、供应链金融和数字资产等领域的应用；云链（ChainNova），由中国电信旗下的云链公司推出的联盟链平台，支持供应链管理、数字资产和区块链教育等领域的应用。

这些项目旨在为企业和政府提供强大的区块链基础设施，以满足不同行业的需求。中国在区块链领域拥有庞大的市场和技术实力，有许多机构和企业积极参与联盟链的研发和应用。这些联盟链项目在各自领域取得了一定成绩，有望继续发展和扩大应用范围。

2021 年，支付宝与敦煌美术研究所联名在"蚂蚁链粉丝粒"小程序上推出了首款面向大众的数字藏品，是发行在蚂蚁集团运营的蚂蚁链上的一款支付码数字皮肤。自此之后，数字藏品在中国如雨后春笋般出现（图 3.11），不仅互联网巨头纷纷下场推出自己的联盟链和数字藏品平台，"国家队"也参与其中。腾讯推出数字藏品平台幻核，并联合腾讯视频发行《十三邀》黑胶唱片数字藏品，百度推出百度超级链，京东推出京东智臻链，蚂蚁链粉丝粒改名鲸探，腾讯则升级联盟链为至信链。国家信息中心、中国移动、中国银联、北京红枣科技有限公司联合发起联盟链 BSN，成为河洛、数藏中国等平台的底层链。

图 3.11　数字藏品平台和联盟链（来源：亿欧智库）

在所有联盟链中，BSN 扮演了重要的角色。区块链服务网络（Blockchain-based Service Network，BSN）是中国国内一个重要的区块链项目，旨在构建一个全球性的区块链服务基础设施网络。BSN 由中国国家信息中心（国家互联网信息办公室）进行总体规划和顶层设计，由国内多个政府机构、企业和机构合作创建。BSN 提供多种不同的区块链协议和技术，包括公链和联盟链。用户可以选择适合其需求的区块链平台，无论是以太坊、超级账本（Hyperledger Fabric）、FISCO BCOS 还是其他区块链。BSN 可以跨越不同的云服务提供商，允许用户在多个云平台上部署和管理区块链应用程序，这有助于提高应用程序的灵活性和可用性。在教育方面，BSN 提供开发者工具，包括 SDK 和 API，帮助开发者构建、测试和部署区块链应用程序。

3.4　NFT 的应用分类

在第 1 章 NFT 生态版图里我们初步了解了垂直应用层的生态，也了解了一些典型项目，本节我们深入每个细分类目，探寻 NFT 是如何影响和改变传统行业，以及如何创造新生事物的。NFT 作为一项偏向底层的技术，正在不断吸收新的应用形态，交叉、融合、进化，虽然很多时候难以清晰归类，但从整体静态视角来看，NFT 主要的应用集中分布在艺术、音乐、体育、教育、医疗、金融、游戏、元宇宙、PFP，以及更多具有实用功能的物品上。值得注意到是，这些分类并不是割裂的，它们是相互融合的，在凡事皆可 NFT 的时代，我们选取 6 个具有代表性的分类重点介绍。

3.4.1　艺　术

从最早天才般灵机一动想要给比特币染色，到 Dan Kaminsky 利用 ASCII 编码将图像创建在区块链上，NFT 自诞生起就和艺术绑定在一起，并在后续时间里不断进化。艺术之于 NFT，很多时候是一种数字化存在的代名词，NFT 与艺术的结合标志着数字时代对艺术领域的重大颠覆和创新。NFT 是基于区块链技术的数字资产，它为艺术家和创作者提供了一种新的方式来创作、展示、销售和交易数

字艺术品。在过去几年里，NFT 引领了艺术领域的变革，为艺术家和收藏家创造了全新的机会和挑战。

数字艺术早在互联网初期就开始崭露头角，但由于数字艺术品容易复制和传播，艺术家难以获得数字创作的真实价值，导致数字艺术品欠缺价值和市场。然而，NFT 的出现改变了这一现状。NFT 技术使得数字艺术品变得独特、不可伪造，并且能够证明其真实性和所有权，这为数字艺术创作者赋予了作品的独特性和稀缺性。

NFT 技术将传统艺术品数字化并赋予它们新的生命。艺术家可以将作品转化为数字文件，然后创建与之相关的 NFT，将其存储在区块链上。这使得艺术品可以更容易地传播和分享，而不受地理位置或实体媒介的限制。数字化还使得艺术家可以轻松地将动画、音频和互动元素融入作品中，创造出更加多样化和丰富的体验。NFT 背后的智能合约为艺术品交易提供了新的机会，智能合约是预先编程的规则，可以根据交易条件自动执行。这意味着当一幅数字艺术品被售出时，艺术家可以自动获得一部分销售收益，而不必依赖传统拍卖行或画廊。此外，智能合约还允许艺术家为未来的二次销售设定版税，这意味着他们可以继续分享作品的成功。

NFT 市场是去中心化的，任何人都可以在其中展示和销售数字艺术品，而不必依赖传统的画廊或中介。这种去中心化的市场为艺术家提供了更大的自由和控制权，使得他们能够更好地管理作品和品牌。同时，收藏家也可以更轻松地参与市场，购买自己喜欢的作品，而不必受到地理位置的限制。NFT 赋予了数字艺术品拥有者真正的所有权。在传统的数字作品中，拥有者可能只拥有一个副本，而不是原始作品。但 NFT 的拥有者可以通过区块链证明他们是唯一的拥有者，这为数字艺术品的真实拥有权提供了清晰的证明。NFT 的出现为收藏体验带来了新的维度，收藏者可以轻松地查看他们收藏的数字艺术品并与其他收藏家分享，甚至将其展示在虚拟艺术馆中。虚拟现实和增强现实技术也为数字艺术品的展示和欣赏提供了更多的可能性，使收藏体验更加丰富。

NFT 正在为大众带来获得艺术品所有权的可能性，而这在历史上一直是富人的专利。NFT 对年轻一代特别有吸引力，他们往往更欣赏数字平台。艺术的价值，无论其形式如何，始终是主观的，现在，价值不再由相对少数的专家确定，而是由公众确定。这使得艺术家可以通过社交媒体和网络免费共享的模因等作品获利。如前所述，几乎所有东西都可以变成 NFT——从加密艺术（如 Nyan Cat（彩虹猫）的售价为 58 万美元）到 Kevin Abosch 的照片"Forever Rose"（2018年以 100 万美元的价格售出），甚至报纸文章也可以是 NFT——例如，《在区块链上购买此专栏！》由《纽约时报》出版。

艺术是一种创造性的表达形式，它通过各种媒介和形式传达思想、情感、观点和感知。它是文化和创意的表现，涵盖广泛的领域，包括绘画、雕塑、音乐、舞蹈、戏剧、文学、电影、摄影、建筑等。艺术通常具有主观性，不同人对同一件艺术作品可能产生不同的理解和感受。在 NFT 和艺术结合的案例里，我们将 NFT 艺术限定在图形、图像领域，包括静态艺术（画作、摄影等）、动态艺术（动图、动画、视频等）以及生成艺术。

1. 静态艺术

顾名思义，静态艺术是不会动的，这是传统艺术中最大的分支，也是艺术家进军 NFT 的首选通道。通过智能合约或者创建工具，创作者可以把传统观念中的静态作品制作成 NFT 并发行。随着技术进步，越来越多的艺术家开始直接在数字世界创作，甚至完全摒弃了实体作品，这也使得加密艺术里诞生了许多新类型的艺术家。在这个领域有两位举足轻重的艺术家，他们的作品极大拓宽了数字艺术的边界，也让更多大众熟悉、接受这种新的艺术形式。

Beeple

2021 年 3 月，佳士得拍卖行迎来百年历史上第一份 NFT 静态艺术品拍卖。艺术家 Beeple 从 2007 年 5 月 1 日开始每天创作一幅作品，他将过去 13 年、5000 天的作品制作成一张合集并铸造成 NFT（图 3.12）参与这次拍卖。这幅 21 069 × 21 069 像素（319 168 313 bytes）的 NFT 最终成交价格是 6930 万美元，买家用 42 329 个 ETH 作为支付手段，直接引爆了全球艺术市场。

对佳士得甚至是艺术品拍卖行业而言，这次拍卖开创了两个第一：第一次拍卖 NFT 艺术品，第一次接受虚拟货币支付。历史正式开启，其他拍卖行也纷纷跟进，仅仅在 2021 年，佳士得就出售超过 100 幅 NFT 艺术品，总价值接近 1.5 亿美元。另一个拍卖巨头苏富比也迅速跟进，拍卖总价接近 1 亿美元。佳士得更进一步，直接上线用于拍卖 NFT 的专属平台 Christie's 3.0，把这个类目当作未来发展的重心。

对 Beeple 而言，在 NFT 之前，他创作的作品制作成印刷品时只能以不超过100 美元的价格出售，虽然他在 instagram 上有数百万粉丝，作品在 LV 收藏里展出，甚至在贾斯汀·比伯的演唱会也出现过，但在传统的艺术界画廊里并没有他的一席之地。6930 万美元，直接让他跻身全球顶级艺术家行列，佳士得称他是"在世最有价值的三位艺术家之一"，Beeple 也被《财富》杂志评选为"NFTy 50"榜单最有影响力人物。

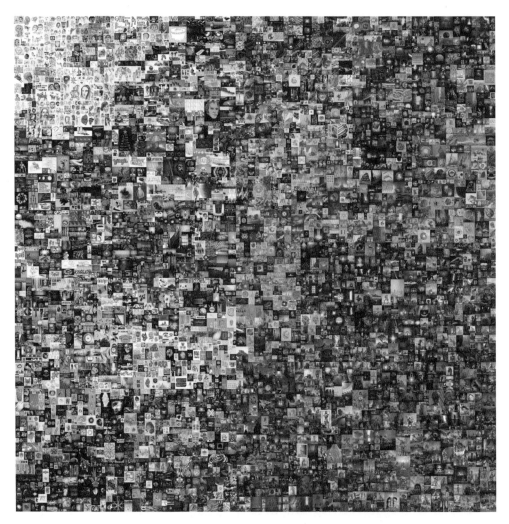

图 3.12　Beeple 的作品（来源：佳士得官网）

Beeple 的作品展现了他在数字艺术领域的创新性和实验性（图 3.13）。"Everydays：The First 5000 Days"是数字艺术的里程碑。Beeple 积极利用社交媒体，特别是在 Twitter 和 Instagram 上与粉丝互动，分享他的创作过程。Beeple 提倡开放性和透明度，经常与其他艺术家分享他的创作过程、技巧和见解。他在互联网上分享了大量的教育性内容，帮助其他创作者学习数字艺术，他还经常与其他艺术家合作，推动数字艺术的发展。

图 3.13　Beeple 的作品（来源：beeple-crap 官网）

Pak

迄今为止，Pak 的真实身份仍然是个谜，没有人知道 Pak 是谁。由于他的化名身份，加密社区甚至将 Pak 称为"加密艺术的中本聪"。我们只知道 Pak 是一位活跃在数字艺术和加密媒体前沿的艺术家。作为一位匿名创作者，Pak 二十多年来一直活跃在数字艺术领域，利用不断发展的技术来创作突破界限的艺术品。他是 Undream 工作室的创始人和首席设计师，也是 Archillect 的创始人，Archillect 是一种旨在发现和分享令人兴奋的视觉内容的人工智能。在蓬勃发展的 NFT 领域，Pak 已成为领导者之一。

与苏富比和 Nifty Gateway 合作，Pak 的 "The Fungible Collection"（图 3.14）在销售的前 15 分钟内就赚了近 1000 万美元，2 天内就赚了 1680 万美元。在 Nifty Gateway 上，"The Fungible Collection" 系列中的数字艺术品 "The Switch" 被描述为一种 "独一无二" 的 NFT，它展示了数字艺术品的演变趋势。"The Switch" 被设定成在未来的某个特定时刻改变形态，至于改变成什么，只有 Pak 知道。

"The Switch" 和 "The Pixel" 是 "The Fungible Collection" 系列两个独立的项目。"The Switch" 可以公开调用 API 接口，这意味着收藏家可以联合发起一次活动，改变某些代码就可以改变 NFT 的某些属性。"The Pixel" 则是由单个像素代表的数字原生艺术品，它象征着 NFT 进入传统艺术世界。最终，"The Switch" 在拍卖会上以 1 444 444 美元的价格售出。"The Pixel" 在拍卖会上以 1 355 555 美元的价格售出。

NFT 发售采用 Open Editions 模式，这是 "The Fungible Collection" 系列更具创新性的元素之一，Open Editions 模式允许收藏家在销售期间购买任意数量的可替代立方体（图 3.15）。这些可替代立方体是单独购买的，并根据拥有的立方体总数向收藏家交付不同的 NFT。

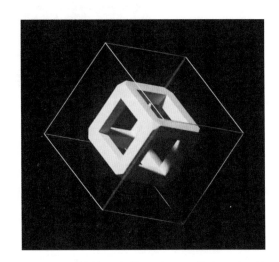

图 3.14　Pak 作品（来源：苏富比官网）　　图 3.15　可替代立方体（来源：苏富比官网）

进一步理解，如果一个人从 Pak 的 Open Editions 购买了一个立方体，他们将收到一个带有单个立方体图像的 NFT。如果收藏者购买了两个立方体，他们将收到两个 NFT，每个 NFT 都有一个立方体图像。如果购买了 5 个立方体，他们将收到一个带有 5 个立方体图像的 NFT。但是，如果他们购买了 6 个立方体，他们将收到一个带有 5 个立方体图像的 NFT 和一个带有单个立方体图像的 NFT。

Open Editions 每天持续 15 分钟。第一天，共售出 19 737 个立方体，总成交额逾 980 万美元（每个立方体 500 美元），第二天共售出 3268 个立方体，总成交价逾 320 万美元（每个立方体 1000 美元）。第三天，593 个立方体以约900 000 美元的金额售出（每个立方体 1500 美元）。

Pak 可以创造超越传统艺术和技术界限的沉浸式体验，他的远见和创造力为艺术世界开辟了新的可能性。无论是经验丰富的收藏家还是普通爱好者，Pak 的 NFT 都是对尖端数字艺术感兴趣的人的必看之作。

2. 动态艺术

在 NFT 市场，大量 Gif 图片和视频 NFT 吸引了购买者的目光。虽然完整电影的 NFT 不常见，但很多动画已经以 NFT 形式问世，因为它们能够最大程度地利用数字媒体的特性。与传统绘画或静态数字图像不同，Gif 图片和视频可以将动画和声音相结合，让艺术家创作出同时涵盖视觉动态和声音体验的作品。这为艺术家提供了更多创作的可能性，能够在数字媒体实现视听的完美融合。

Xcopy

在 SuperRare 艺术家排行榜上 Xcopy 排名第一。他创作了 1065 幅 NFT 动态艺术作品，售出 229 幅，总销售额高达 5368 万美元，单幅最高销售额达到 708 万美元。Xcopy 是何许人也？为什么他可以常年占据艺术家扎堆的 SuperRare 榜单榜首？

Xcopy 是一位来自伦敦的加密艺术家，他试图通过扭曲的视觉循环来探索死亡、反乌托邦和冷漠，借助 Gif 动图，他创造了 NFT 艺术的新分支。Xcopy 的作品"Death Dip"（图 3.16）是 SuperRare 上铸造的第 14 个 NFT，于 2021 年 3 月 24 日在 SuperRare 二级市场交易中以 1000 ETH 的价格售出，这是 SuperRare 迄今为止最大的一笔销售。值得注意的是，10% 的特许费用在交易完毕后由智能合约直接进入 Xcopy 的以太坊钱包，无须经过第三方批准、审计。

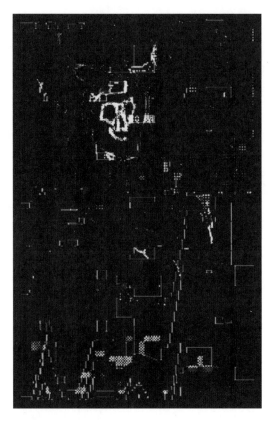

图 3.16　Xcopy 作品（来源：SuperRare 官网）

Xcopy 在 NFT 领域具有传奇色彩，是加密社区的死忠支持者，也是具有标志性风格的艺术家，被认为是 NFT 艺术界的"蓝筹股"艺术家。Xcopy 的风格有助于将他的作品与其他数字艺术家区分开来，他的卡通插图使用明亮的色彩和黑色的轮廓，但作品背后的主题更暗，NFT 带有闪光警告以及刺耳的故障动作。Xcopy 的粉丝喜欢他作品中的朋克感觉，其中包括骷髅头、火焰、迷幻音响和大量霓虹灯，他的作品主题可能令人毛骨悚然，但是有诙谐的标题。

相比于卖出最高价的"Death Dip"，Xcopy 另外一件作品更为大众所熟悉，那就是"Right-click and Save As Guy"（图 3.17）。这个系列都是科技主题，而标题则是一句非常流行的话，"当我可以右键单击并另存为时，我为什么要购买它？"用于嘲笑那些从根本上误解加密艺术的人。

图 3.17 Xcopy 作品（来源：SuperRare 官网）

Xcopy 不仅是一位数字艺术家，也是 NFT 和加密艺术的布道者，他认为加密艺术能够为艺术家提供版税，这是传统艺术市场做不到的。NFT 艺术背后的区块链技术可以充当一个持续的、不可更改的账本，使得艺术家可以在每次交易时自动获得一定版税。随着他们的作品越来越受欢迎，艺术家可以赚更多的钱，就像词曲作者当他们的歌曲每次在广播中被播放或被放入电影配乐中时都会获得版税一样。这与线下艺术界截然不同，线下艺术界传统上不使用版税制度。一旦画家出售了一幅画，它就属于新主人，如果新主人再次出售，那么所有的收益都和艺术家无关。

3. 生成艺术

生成艺术（Generative Art）是一种新的艺术形式，它基于计算机算法，随机、自动生成艺术作品。生成艺术的关键特点是艺术家不直接创作每个元素，而是设定规则、参数和系统，然后让计算机或自动化程序根据这些规则生成艺术作品。

生成艺术作品的创作过程由算法控制，这些算法可以是数学公式、计算机程序或随机性生成器，它们定义了作品的结构和元素。所有作品都是自动生成的，艺术家只需要设置初始参数和规则，系统就会自动生成作品，每次生成的作品都是独一无二的。艺术家可以利用随机性来引入不确定性和变化，创造多样化的作品，还有一些生成艺术作品可以互动，观众可以与作品互动，改变其状态或外观。从某种意义讲，生成艺术是"活着"的，是可以演化的，创作者可以反复调整参数和规则，以生成不同版本的作品。

生成艺术的魅力在于它的创新性和独特性，它挑战了传统的艺术创作方法，将计算机科学、数学和艺术结合在一起。这种艺术形式产生了各种各样的作品，从抽象的图形到音乐和交互式装置艺术，使得观众能够探索新的艺术体验。在生成艺术领域，Art Blocks 是当之无愧的领头羊，该平台也成为最受欢迎的生成艺术基地，吸引了大量艺术家。

Art Blocks

Art Blocks 成立于 2021 年，由 Snowfro（真名 Jeff Davis）创立。它的愿景是将生成艺术与区块链技术相结合，为数字艺术家提供一个创作和展示作品的平台，同时也为收藏家提供机会拥有独一无二的数字艺术品。Art Blocks 以其开放性、去中心化和创新性而备受关注，它允许数字艺术家设计算法和规则，然后将这些规则嵌入智能合约，在区块链上自动生成艺术作品。

Art Blocks 的运作方式非常简单，但充满创意。艺术家使用编程语言（通常是 Solidity）创建生成算法，这些算法定义了艺术作品的外观和特征，可以根据自己的创意和视觉愿景来设计算法。一旦生成算法完成，会被编译成智能合约，并部署到支持 NFT 的区块链。智能合约包含生成艺术作品的生成规则，如果部署完成，收藏家就可以访问 Art Blocks 平台，选择一个喜欢的生成算法，并生成相应的 NFT。每次生成都是独一无二的，每个 NFT 都有其特征和价值。

有了丰富的基础设施之后，艺术家只需要专注于创意，并将创意转换为智能合约，剩下的事情都交给 Art Blocks 来实现。我们尝试用 Solidity 编写一段简单的智能合约，在 Art Blocks 上生成随机数量、颜色、尺寸的不断重复的正方体。

```
//SPDX-License-Identifier: MIT
pragma solidity ^0.8.0;
import "@openzeppelin/contracts/token/ERC721/extensions/
  ERC721Enumerable.sol";
import "@openzeppelin/contracts/access/Ownable.sol";
contract SquareArtNFT is ERC721Enumerable, Ownable {
    string[] private colors; // 正方形颜色
```

```
uint256 private squareSize; // 正方形边长

constructor(
    string[] memory _colors,
    uint256 _size
) ERC721("SquareArtNFT", "SQART") {
    colors = _colors;
    squareSize = _size;
}
// 生成 NFT
function mintSquareNFT(uint256 numberOfTokens) public onlyOwner {
    require(numberOfTokens > 0, "Number of tokens must be greater
      than 0");
    require(numberOfTokens <= 20, "Number of tokens must be 20
      or less");
    for (uint256 i = 0; i < numberOfTokens; i++) {
        uint256 tokenId = totalSupply() + 1;
        _mint(msg.sender, tokenId);
    }
}
// 查看 NFT 的 URI
function tokenURI(uint256 tokenId)
    public
    view
    override
    returns (string memory)
{
    require(
        tokenId > 0 && tokenId <= totalSupply(),
        "Token ID invalid"
    );
    string memory color = colors[tokenId % colors.length];
    string memory baseURI = "https://your-base-uri.com/token/";
    return
        bytes(baseURI).length > 0
        ? string(abi.encodePacked(baseURI, tokenId, "/", color, "/",
          squareSize))
        : "";
}
}
```

这份智能合约包含生成 NFT 的逻辑，合约的所有者可以通过调用
mintSquareNFT 函数生成 NFT，每个 NFT 都包含一个正方形的颜色和边长。
合约还包含一个 **tokenURI** 函数，用于返回 NFT 的元数据 URI，其中包含正方
形的颜色和边长信息。请注意，这只是一个简化的示例，实际的生成算法更为复

杂，智能合约的部署和使用需要更多配置和测试以确保其正常运行。此外，我们还需要使用合适的 NFT 元数据 URI 和基础 URI 来展示生成的 NFT。

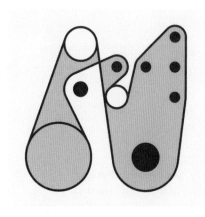

图 3.18　Dmitri Cherniak 作品
（来源：Art Blocks 官网）

Art Blocks 平台上汇聚了众多数字艺术家，他们的作品也获得了市场的认可。由艺术家 Dmitri Cherniak 创作的"Ringers"#879（图 3.18）已通过 OpenSea 的二级市场交易，以 1800 ETH 约合 580 万美元的价格售出，使其成为交易市场上最昂贵的 Art Blocks 作品。

另一个知名的 Art Blocks 系列是 Tyler Hobbs 的"Fidenza"（图 3.19），由 999 件独特的艺术作品组成，是通过算法生成的一系列彩色正方形和矩形。Tyler Hobbs 是目前在 Art Blocks 平台上亮相的众多艺术家之一。他的作品"Fidenza"#313 以 1000 ETH 的价格售出，略高于 330 万美元。

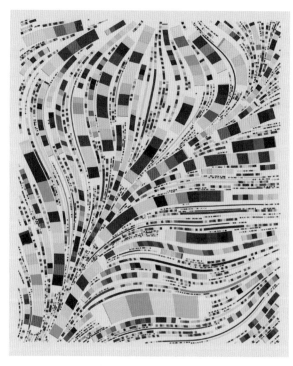

图 3.19　Tyler Hobbs 作品"Fidenza"（来源：Art Blocks 官网）

尽管 NFT 和区块链为艺术带来了许多新的机会和变革，但也伴随着一些挑战，包括知识产权问题、市场波动和可持续性问题。但是，它们无疑改变了艺术市场的格局，为艺术家和收藏家带来了新的可能性。随着技术的不断发展和市场的不断成熟，NFT 和艺术的结合将继续为艺术领域带来新的机遇和创新。

3.4.2　音　乐

虽然音乐也属于艺术的一种，但因为音乐 NFT 的繁盛超出想象，甚至形成了独立的生态，这里我们把音乐作为一个单独的门类来研究（图 3.20）。音乐行业的全球收入在 2023 年超过 650 亿美元，但这些收入主要流入少数大型平台和唱片公司。因此，许多艺术家开始探索使用 NFT 作为音乐分发和货币化的新方式。音乐 NFT 有潜力彻底改变艺术家创作、发行音乐，以及从音乐中赚取收入的方式。目前的模式是艺术家必须依靠唱片合同、品牌交易和巡演来推进职业生涯，而音乐 NFT 为艺术家提供了仅通过创作音乐就能获得收入的机会。

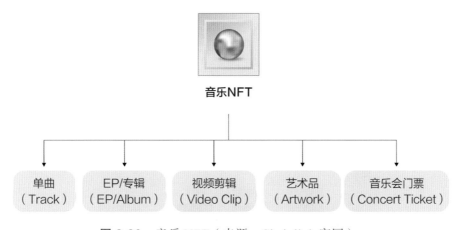

图 3.20　音乐 NFT（来源：Chainlink 官网）

简言之，音乐 NFT 是一种独特的数字资产，在区块链上发行，并与单曲（Track）、EP/ 专辑、视频剪辑等相关联。艺术家可以将独特的数字资产创建为 NFT，用 NFT 代表他们的音乐、音乐会门票、独家商品或虚拟体验，粉丝可以拥有、使用或交易这些 NFT。购买音乐 NFT 可以被视为支持艺术家的一种方式——类似于直接购买他们的音乐。音乐 NFT 使艺术家能够与粉丝社区建立更直接的联系，也可以从新的互动和所有权方式中受益。一些音乐 NFT 完全由算法生成，没有外部依赖，发布在区块链上的生成音乐使艺术家能够在不可篡改的区块链上留下永久的印记，并完全按照最初的意图保存他们的创作。

就像区块链技术正在将去中心化的颠覆性精神应用于传统金融领域一样，音乐行业已经成熟，可以利用区块链技术对价值捕获进行彻底重组。音乐是一个高度集中的行业，三大唱片公司——索尼、环球和华纳占据了市场份额的66% ~ 80%。对许多创作者来说，即使是许多独立唱片公司也由母公司拥有，而母公司多以某种方式与这三家巨头之一有联系。对音乐艺术家来说，这意味着产生独立收入的途径并不多，即使是那些被贴上"独立"标签的渠道。随着音乐的数字化，从 Napster 开始，唱片销售已经退居音乐领域的次要地位。流媒体服务因分走了很大一部分收入而备受关注，比如在 Spotify 上每播放一次音乐收入0.004 美元，100 万次播放仅收入约 4000 美元，这个播放次数是绝大部分艺术家难以达到的，而收入数字又显得十分寒酸，因此，只有很少的收入流向艺术家。

由于大部分唱片销售的收入被唱片公司和流媒体平台获得，艺术家的收入中约有75%来自巡回演出和现场表演。NFT为艺术家提供了一个新的机会，让他们的音乐直接传递给消费者，无须经过第三方中介，让他们的音乐作品通过区块链、音乐许可和版税获得公平的报酬。虽然 NFT 音乐发行可能不会完全取代唱片公司的角色，但它会帮助艺术家增加收入来源（图 3.21）。

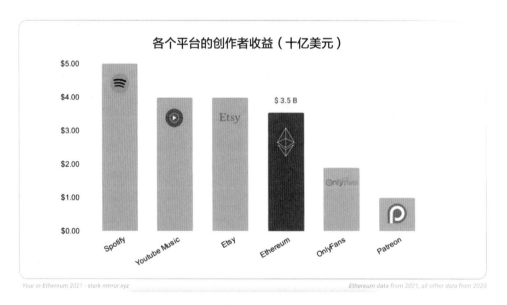

图 3.21　艺术家收入分析（来源：mirror）

世界各地的艺术家逐渐接受这种创新媒体，为音乐行业注入新的活力。从尚未发行的曲目到独家完整专辑，艺术家现在可以直接以 NFT 的形式发布歌曲，并直接从粉丝那里获得收入，无须任何中间商，无须与唱片公司、发行商和出版商等中介机构打交道，艺术家现在可以根据用户愿意支付的价格赚取公允的份额。

意见领袖 Coop 制作了一幅音乐 NFT 生态版图（图 3.22），详细展示了这个欣欣向荣的细分赛道。在这个领域，我们看到音乐 NFT 已经包含虚拟形象、版本、粉丝俱乐部、生成艺术、版税、游戏玩家、艺术家、唱片公司、研究、票务、资助、流媒体、活动等。

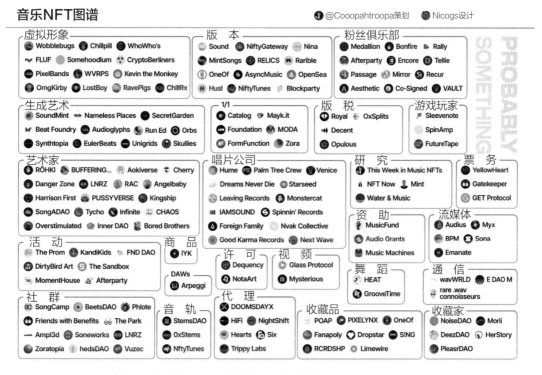

图 3.22　音乐 NFT 生态版图（来源：Cooopahtroopa）

从具体的用例来看，主要集中在以下几个方面。

1. 音乐作品销售

音乐创作者可以将独家音乐作品转化为 NFT，并在 NFT 市场上出售。这为创作者提供了一种全新的收入来源，同时也能够确保音乐的唯一性。某些音乐

NFT 可能代表稀有或珍贵的音乐作品，如未发行的演唱会录音、珍藏版专辑等，这些 NFT 在二级市场有升值的可能。

2. 音乐收藏

音乐爱好者和投资者可以购买并收藏他们喜爱的音乐 NFT。可以在数字钱包中展示这些数字音乐收藏品，并在虚拟空间与其他人分享。稀有、限量版的音乐 NFT 可能在未来升值，这一点引起了收藏家的兴趣。

3. 音乐授权和使用

NFT 的智能合约包括授权使用规则，允许创作者精确控制其音乐作品的使用方式，包括在广告、电影、游戏等媒体中使用音乐。智能合约规定了音乐使用的条件和分润机制，确保创作者和权利所有者从中获得一定比例的收益。

门票销售：音乐会、音乐节和虚拟现实音乐活动可以通过 NFT 销售门票。这种方式更具可追溯性，防止票务诈骗，并提供了更多的信息安全性。NFT 门票可以包含特权，如与音乐家见面、访问幕后花絮或者获得独家体验的机会。

4. 互动体验

某些音乐 NFT 具有互动性，允许 NFT 所有者参与音乐的创作或混音。这种互动体验增加了用户的参与感和娱乐性。音乐 NFT 还可以用于虚拟音乐会和音乐节，参与者可以与音乐家互动并在虚拟空间欣赏音乐表演。

5. 音乐社区和合作

音乐 NFT 市场和社区可以帮助创作者与他们的粉丝建立更紧密的联系。NFT 所有者可以参加独家活动并与创作者互动。音乐 NFT 为创作者、收藏家和音乐社区提供了连接和合作的机会，推动音乐文化的创新。

我们以 Kings of Leon 发行的专辑 "When you see yourself"（图 3.23）为例，看看这一过程中 NFT 是如何服务音乐创作者和粉丝，以及如何改变经济模式的。

乐队通过 iTunes 和 Spotify 等传统方式发行了这张专辑，并发布了独家 NFT 版本，其中包括音乐的数字下载。NFT 版本捆绑了特殊福利，例如，专辑限量版黑胶唱片、数字艺术品和证明资产所有权的通证。

图 3.23　专辑封面（来源：OpenSea）

音乐创作者可以通过拍卖发布独一无二的 NFT，以固定价格限量销售 NFT，或者公开发行，在预定时间内铸造不限数量的 NFT。Kings of Leon 举办了公开发布会，将他们的 NFT 专辑发售两周，之后不再生产，流通中的专辑成为收藏品。

除了专辑的标准 NFT 版本外，Kings of Leon 还发布了数量非常有限的"金票"NFT，为粉丝提供特殊的福利，例如，乐队任何巡演、任何音乐会的前排门票，且是终身！如果所有者出售他们的 NFT，持有这些 NFT 的人都可以获得这些福利，这些福利可以通过 NFT 标准轻松透明地转移。通过这种方式，可以创造性地制作 NFT，在艺术家和粉丝之间建立特殊的关系。这些"金票"售价高达 9 万美元，这样稀有且具有收藏价值的物品可专供超级粉丝，与此同时，大部分粉丝仍然能够以 50 美元的价格购买专辑的标准 NFT 版本。

另外一个典型案例来自加拿大电子音乐制作人、DJ 和音乐家 Deadmau5（图 3.24）。2005 年，他发行了首张专辑"Get Scraped"，2008 年发行了他的突破性专辑"Random Album Title"。2017 年，Deadmau5 创立了自己的唱片公司 Mau5trap，他的作品获得了六项格莱美奖，是世界上收入最高的电子音乐制作人之一。除了在音乐和技术的交叉点上拥有强大的影响力外，Deadmau5 还被认为是音乐行业的 NFT 先驱之一，拥有超过 6 个 NFT 项目和至少十几个带有

Deadmau5 品牌的项目。Deadmau5 发布的 NFT 包含数字商品、未发行音乐，以及 NFT 形式的音乐和版税整合的用例。

2020 年，Deadmau5 与 Emanate 合作，在 WAX 区块链上发布了他的"Deadmau5：Series 1"音乐系列 NFT（图 3.25）。Deadmau5 提供限量 NFT 包，包括 4000 个单价 9.99 美元的标准包和 2000 个单价 28.49 美元的超级包。

图 3.24　Deadmau5
（来源：c/o Press）

图 3.25　deadmau5：Series 1
（来源：WAX）

2021 年 3 月，Deadmau5 与著名街头艺术家 OG Slick 合作推出了"Slickmau5"系列，该系列于 2021 年 3 月 9 日在 Nifty Gateway 上发布。"Slickmau5"系列包括 Deadmau5 的独家音乐剪辑，来自他（当时）即将发行的新专辑。"Slickmau5"系列包含"Remix""Blackhole""Faded"和"Happy"版本。"Blackhole"和"Happy"版本以 5 分钟的开放版本提供。在 15 分钟的拍卖中，有 50 个"Faded"版本参与拍卖，每个 NFT 都带有 OG Slick 和 deadmau5 共同签名的编号艺术印刷品。

2021 年 11 月 15 日，deadmau5 和他的长期合作者 Smearballs 发布了"head5 NFT"系列。head5 是一个元宇宙集成的限量发行（5555 个单位）NFT 系列，在 Polygon 区块链上铸造，在 head5.io 上每个售价 0.15 ETH。

2021 年 12 月 2 日，deadmau5 发行了一首新单曲"this is fine"，作为独立摇滚乐队 Portugal 的独家 NFT。在他的 Mau5trap 标签下，这首单曲成为有史以来第一首获得白金奖的 NFT 音乐。2021 年 12 月 2 日在巴塞尔艺术展的"迈阿密海滩"艺术展上首次出售了 100 万件。这些 NFT 是在 NEAR 公链上铸造的，其中，502 719 个 NFT 可供公众在 Mintbase 上购买，价格为 0.25 NEAR（2 ～ 4 美元）。

另外，加密社区的两位偶像 Snoop Dogg 和 Eminem 多年来一直是 NFT 的狂热粉丝。两位说唱歌手都是 NFT 蓝筹项目无聊猿游艇俱乐部（BΛYC）和变异猿游艇俱乐部（MAYC）的拥有者，他们将 NFT 视为改善唱片业和重塑粉丝与艺术家之间关系的一种方式。2022 年 6 月 24 日，两位说唱传奇人物与 Yuga Labs 合作发布了一段音乐视频，在视频里模仿了猴子形象（图 3.26）。Snoop Dogg 还有其他 NFT 音乐项目，他曾经以 5000 美元的单价以 NFT 的形式出售了 25 000 张专辑。这些名为 "Stash Boxes" 的 NFT 包含他的新专辑 "B.O.D.R."，并为粉丝提供了 3 首奖励曲目。

图 3.26　模仿猴子形象的音乐视频（来源：Youtube）

电子音乐艺术家 3LAU 以 NFT 版本发行他的专辑 "Ultraviolet"（图 3.27），竟然卖出了 1160 万美元的天价，这在传统音乐行业是罕见的。3LAU 有一支单曲 "is it love"，唱片公司想以 15 000 美元买断 50% 版权，但是他拒绝了，通过发行 NFT，这支单曲创造了 70 万美元的收入。3LAU 在 NFT 音乐圈出名不仅是

图 3.27　"Ultraviolet" 专辑（来源：Youtube）

因为作品，他还作为联合创始人成立了音乐 NFT 公司 Royal，2011 年连续获得顶级加密风险投资机构 Paradigm 领投的 1600 万美元种子轮投资和 A16Z 领投的 5500 万美元 A 轮投资。

音乐类 NFT 的多种用例丰富了音乐产业的多样性，创造了新的商业机会和音乐体验。这些用例使音乐创作者能够更好地管理他们的音乐作品，与粉丝互动，并为音乐爱好者提供更多的互动和投资选择。与传统音乐产业相比，音乐 NFT 为音乐市场带来了更多的创新和探索。

6. Audius

Audius 是一个基于区块链技术的音乐 NFT 平台（图 3.28），旨在连接音乐创作者、音乐爱好者和消费者，并为音乐产业提供分散化的解决方案。Audius 建立在区块链技术之上，使用分布式账本存储音乐和相关数据，确保了音乐的透明性、不可篡改性和可追溯性。Audius 支持音乐创作者将其音乐作品转化为 NFT 在平台上销售，并拥有更多的控制权，包括版权控制、定价策略、内容发布和合同条件。

图 3.28　Audius（来源：techcrunch）

Audius 建立了一个社交平台，允许音乐爱好者与创作者互动、评论和分享音乐。虽然看上去和 Spotify 等其他流媒体网站一样，但 Audius 采用去中心化治理模型，允许社区成员参与平台的发展和改进，从而塑造平台的未来。Audius 由其奖励和治理通证 AUDIO 提供支持，该通证赋予音乐爱好者和创作者权利。创作者可以通过上传作品（无论是音乐还是其他应用程序）来赚取 AUDIO 通证，然后用 AUDIO 通证投票支持平台的新改进。通证所有者还可以获得个人资料徽章，向他们的朋友展示。这些徽章根据 Audius 上持有的 Music 音频通证数量分为 4 个等级，每个级别都有其特殊的福利，例如，Discord 角色、NFT 收藏品等。最重要的是，用户甚至可以通过治理投票决定他们在每一层获得的福利。

Audius 的创始人是 Roneil Rumburg 和 Forrest Browning。他们都具备深厚的技术和音乐背景。Roneil Rumburg 曾是 Snapchat 的工程师，他在区块链技术和音乐领域都有丰富的经验。他的愿景是利用区块链技术重塑音乐产业，使音乐创作者能够更好地管理音乐作品，并从中受益。Forrest Browning 同样在技术领域有丰富的经验，曾担任咨询公司 Pariveda Solutions 的工程师，他与 Roneil Rumburg 共同创立了 Audius，共同致力于构建一个分布式的音乐平台。Audius 自成立以来已经获得了多轮融资，投资者包括多家知名的风险投资公司和加密货币基金，这些投资使得 Audius 能够扩大业务，提供更多的功能和服务，同时吸引更多的音乐创作者和用户。

7. EulerBeats

和生成艺术图片一样，数学、音乐、区块链三者结合也会产生化学反应，EulerBeats 就是探索数字音乐艺术的先锋。EulerBeats（图 3.29）是一个以区块链和 NFT 技术为基础的艺术项目，它探索了将数学和音乐融合在一起的独特方式。EulerBeats 的创始人 Sean King 是程序员、艺术家。他受到欧拉图（Euler

图 3.29　EulerBeats（来源：EulerBeats 官网）

Graph，数学家莱昂哈德·欧拉提出的图论概念）的启发创立了这个平台。EulerBeats 的独特之处在于，它使用欧拉图的原理生成音乐，每个 EulerBeats NFT 都代表一首独特的生成音乐作品。这些 NFT 包含音乐合成参数和生成音乐的规则，可以由 NFT 所有者激活和播放。EulerBeats 使用了一种名为"哈希音乐生成"的算法，通过调整音符、音量、速度等参数生成不同的音乐变体。

简单地说，EulerBeats 是不同视觉化音乐 NFT 组成的集合。该项目的第一个系列由 27 种不同的音频 NFT 组成，被叫作"Genesis LPs"，每件作品都由印在黑胶唱片上的音频文件构成。每个 NFT 艺术作品和配乐都是通过算法制作的，用户实际购买的是元数据和欧拉函数，这样一来，每个人买到的作品都是一件具有不同颜色、形式和音频的艺术品。

综上，音乐类 NFT 已经在音乐产业引起革命性的变化，为音乐创作者、收藏家和爱好者提供了更多的机会和可能性，同时也为音乐产业的未来带来了更多的创新和探索。随着技术和市场的发展，音乐 NFT 将继续塑造音乐产业的新面貌。

3.4.3 PFP

NFT 收藏品代表数字世界中珍贵和独特的物品，它们可以是数字艺术、虚拟物品或虚拟卡牌等，这一分类在 NFT 市场占有重要地位，吸引了无数收藏家和投资者的注意。和传统艺术品、邮票或钱币收藏一样，NFT 收藏品的价值在于其稀缺性、独特性和历史背景。这些数字资产以 NFT 的形式存在，区块链技术保证了它们的唯一性和不可篡改性。

2021 年 NFT 在沉寂几年之后突然暴发，以 PFP 为代表的 NFT 席卷全球，不仅爱好者、收藏家纷纷加入，众多明星也参与其中。一时间，NFT 就是头像、就是小图片变成了很多人对 NFT 的第一印象。很多新加入市场的人都将 NFT 错误理解成一张可以右键另存为的小图片，带着这种鄙夷和误解，NFT 中的 PFP 分类一路狂奔，直到成为收藏品这个分类的代名词。所以我们直接用 PFP 来命名这个分类，但请理解，PFP 和其他卡牌类、纪念品类一起构成了收藏品这个大的分类。

PFP（Profile Picture，个人资料图片），指的是数字艺术家或创作者设计的不可替代的虚拟头像，通常用于社交媒体、虚拟世界、NFT 社区，作为在线身份的象征。这些头像由数字艺术家精心设计，通常具有独特的外观、特征和风格。

PFP 的历史可以追溯到早期的虚拟世界和在线社交媒体。近年来 NFT 技术的兴起为 PFP 创作者提供了更多的机会，从而推动了这一领域的发展。

还记得 Blockhead 吗？在 NFT 简明史里提到过那个建立在 NameCoins 公链上的项目，它可以被追溯为有史以来第一个 PFP 类型的 NFT。NameCoins 用户热衷于在区块链上建立自己永久的、不可篡改的个人主页，而头像则是重要的组成部分。Blockhead 利用低分辨率的像素拼接而成的头像带有生成艺术的感觉，同时又显得非常粗糙，但是这并不影响它成为后世成千上万 PFP 项目致敬的先驱。

用区块链制作头像到底有什么好处？还是有必要再重复一下，在区块链上以 NFT 形式来创建、交易和使用 PFP 头像区别于传统头像的优势。

真实性

使用区块链来跟踪 PFP NFT 的所有权和移动，可以建立清晰且可验证的艺术品真实性和出处记录，提升收藏品在所有者之间移动时的透明度。这就是很多人右键保存别人的 PFP 当作头像很容易被识别是盗版的原因。

所有权和控制权

通过使用 NFT 来代表数字项目的所有权，创作者和收藏家可以对作品的使用、展示和销售方式拥有更大的控制权。确权，是所有资产成立的必要前提，如何证明你拥有某项资产？NFT 可以清晰做资产证明，这个头像受谁控制、属于谁都清晰可见。

流动性

通过使用区块链来表示和跟踪 PFP 的所有权，可以创造一个更具流动性的市场。区块链的公共性质，以及清晰透明的所有权和销售历史，可以改善创作者出售作品以及收藏家买卖作品的体验。和普通头像不一样，PFP 不仅是小图片更是收藏品，这些收藏品具有良好的流通性，"买卖头像"这样通俗易于理解的话可以形象解释流通性这个特性。

可访问性

通过使用区块链来存储和转移 PFP NFT，可以扩大谁可以拥有、参与或交易它们。PFP 还可以授予所有者访问在线社区的权限，以进行社交、娱乐或加入志同道合的爱好者团体。这一点与传统头像区别很大，即可验证性解锁的可访问性。

持有某个 PFP 验证钱包后才可以访问某些服务、解锁某些功能，被称为"token gated"，即有限制访问，所以 PFP 更像一把钥匙，可以访问 PFP 赋予的更多权限。

1. CryptoPunks

图 3.30　CryptoPunks（来源: 佳士得官网）

2017 年 6 月，Larva Labs 创始人 Matt Hall 和 John Watkinson 使用他们开发的软件创建并推出了 CryptoPunks（图 3.30），这是一组由 10 000 个图像组成的 PFP 类 NFT 合集（每个图像 576 个像素块，24×24），成为首批在以太坊区块链上推出的 PFP 项目之一。不同之处在于，CryptoPunks 的诞生要早于 ERC-721 标准，所以从技术上来说，它更像是一种 ERC-20 通证。CryptoPunks 是像素艺术风格的经典案例，它通过重新混合各种特征来创建 10 000 个 NFT 的集合，它的核心类型分为"男性""女性""僵尸""猿"和"外星人" 5 个类型，每个类型中的每个庞克（Punk）最多有 7 个特征，总共有 95 个特征组合。CryptoPunks 分别有 6 039 个男性人物和 3 840 个庞克人物，其中，696 个涂着鲜红色口红、303 个蓄有络腮胡、286 个佩戴立体眼镜、128 个两颊绯红、94 个扎着马尾、78 个长有龅牙、44 个戴着小圆帽。此外，还有 8 个没有任何特征（有时被称为 Genesis Punks），以及 1 个拥有 7 项特征的特殊角色，编号是 8348——这个长有龅牙的人物正在抽烟，留有大胡子，脸上有一颗痣，并戴上耳环、经典墨镜和一顶礼帽。为了向流行文化的原型致敬，除了人类 CryptoPunks，Matt Hall 和 John Watkinson 还稍微修改了软件的算法，生成数量更稀少的非人类奇幻角色，为该系列带来 88 只绿皮肤僵尸、24 只长毛猿猴和 9 个浅蓝色皮肤外星人。非人类角色与人类角色一样拥有不同的特征，例如，一个抽烟的外星人便被称为"智慧外星人"。

CryptoPunks 既然不遵循 ERC-721 标准，那么它究竟是如何被创作出来的？实际上，它一共经历了两个版本，第一个版本 Matt Hall 和 John Watkinson 采用总图索引法，2021 年 8 月在社区成员 snowfro 和 0xdeafbeef 的推动下，Larva Labs 推出了新方案，也就是我们现在熟知的"新版本"。

　　最早的方案是制作 10 000 张 PFP 的大图存在区块链上，然后获取对应的哈希地址，每个哈希地址对应一张大图（图 3.31）。这个做法和 NameCoins、Counterparty 时代大同小异，即代码和文件分离，代码只能在属性里引用图片的哈希地址，无法直接调用、显示图片。CryptoPunks 做了一张巨大的图，100 行、100 列，并且给予编号。但是，在这个时候，编号和对应的坐标或者图片并没有在合约里体现，也就是说，如果要验证，只能通过这张大图进行查找。

图 3.31　早期方案（来源：Github）

实际上，在这个版本之前还出现了一个"错版"，也成为后来 CryptoPunks 饱受争议的地方，不过这个争议并没有给它带来过多的负面影响，超级强大的品牌力、社区力让这个错误反而成为迷人之处。

在当时发布的 V1 版本里出现了一个很小但很关键的错误（图 3.32），这个错误让买家可以在支付 ETH 购买 CryptoPunks 之后再把 ETH 取回。这个问题被社区成员 hemba 发现并引起了团队注意，他们迅速发布了一个新的智能合约修正了错误。2017 年 6 月 23 日，新合约被部署，Larva Labs 重新铸造了 CryptoPunks 并且空投给之前的所有者。就这样，区块链上运行着两个版本的 CryptoPunks，直至今天，V1 版本的加密朋克依然被一些人追捧。

```
function punkNoLongerForSale(uint punkIndex) {
    if (punkIndexToAddress[punkIndex] != msg.sender) throw;
    punksOfferedForSale[punkIndex] = Offer(false, punkIndex, msg.sender, 0, 0x0);
    PunkNoLongerForSale(punkIndex);
}
```

图 3.32　错误的代码

由于之前的合约只能用很复杂的验证机制来验证所有者资产，所以在社区成员和团队的共同努力下，Larva Labs 在 2021 年 8 月升级了合约。新方案将 CryptoPunks 的图像和属性全部上链，编号和图像形成一对一的对应关系，用户可以直接通过官方网站的图形界面或区块链浏览器访问合约并查询原始 SVG 格式的图像。

新方案把每张 CryptoPunks 图片分成 576 个（24×24）像素块，每个像素块用 8 个字符的 16 进制颜色编码填充，在不同位置使用不同颜色，最终生成一张张形态、颜色各异的作品，至于如何控制不同位置填充不同颜色，则不得而知。

详细了解了 CryptoPunks 的历史和技术原理，最终回到它的价值探讨。任何一个接触 NFT 的人或多或少都被天价成交金额所震撼（图 3.33），要知道，最初 CryptoPunks 是免费领取都没人要，而如今最便宜的都需要花费 8.8 万美元。

根据 Cryptopunks 官网的数据，截至 2023 年 11 月，Cryptopunks 总销售额达到 26.4 亿美元，过去 12 个月产生了 1703 次销售，最低挂单价 88 410.88 美元，平均销售单价 13.5 万美元。在销售排行里，排名靠前（按 ETH 计价且只计算官方销售）的三个都是"外星人"系列，分别是编号 #5822 成交价为 2370 万美元、编号 #7804 成交价为 757 万美元、编号 #3100 成交价为 758 万美元。

最大成交金额

查看所以热门销售

#5822
8KΞ ($23.7M)
Feb 12, 2022

#7804
4.2KΞ ($7.57M)
Mar 11, 2021

#3100
4.2KΞ ($7.58M)
Mar 11, 2021

#2924
3.3KΞ ($4.45M)
Sep 28, 2022

#4156
2.69KΞ ($3.31M)
Jul 15, 2022

#5577
2.5KΞ ($7.7M)
Feb 09, 2022

#4464
2.5KΞ ($2.62M)
Jul 12, 2022

#4156
2.5KΞ ($10.26M)
Dec 09, 2021

#5217
2.25KΞ ($5.45M)
Jul 30, 2021

#8857
2KΞ ($6.63M)
Sep 11, 2021

#2140
1.6KΞ ($3.76M)
Jul 30, 2021

#7252
1.6KΞ ($5.33M)
Aug 24, 2021

图 3.33 历史成交价最高的 CryptoPunks（来源：Cryptopunks 官网）

究竟是什么支撑 CryptoPunks 的天价？佳士得、苏富比为什么争先恐后把 CryptoPunks 带上拍卖台？为什么全世界各地的美术馆纷纷购入 CryptoPunks 作为镇店之宝？要回答这个问题并不容易，艺术本身就是个性化色彩严重，商业之下的艺术更具复杂性，但这并不妨碍我们从几个基础方面来理解。

技术创新

CryptoPunks 完美利用了区块链的特性，在以太坊 NFT 标准还未出现之前用一种颠覆式的创新将艺术与技术相结合，创造出近乎完美的作品。Matt Hall 和 John Watkinson 几乎以横空出世的姿态将整个 NFT 行业推进了一大步，并且让 PFP 这个分类成为接下来 5 到 10 年发展最为疯狂的类别。CryptoPunks 的技术解决方案直接启发了后来的 NFT 各项标准，创造了更加繁荣的 NFT 生态版图。

稀缺文化

稀缺性是商业价值创造的秘密，这一点，CryptoPunks 无疑是最好的样本。每个 CryptoPunk 都是唯一的，由生成算法创建并拥有独特的外观和属性，某些数量稀缺的 NFT 更是受到资本追捧。从另外一个角度，CryptoPunks 的稀缺性可与各种热点事件相互融合，创造新的热度，比如编号 #7523 的 CryptoPunk 在苏富比拍卖行以 1170 万美元成交，因为它是 9 个"外星人"里唯一一个戴口罩的。而编号 #7523 的主人在 2017 年仅仅花费了 8 个 ETH 购买了这个 NFT，当时价格约 1646 美元。

▌社区文化

作为原生的区块链项目，CryptoPunks 至今仍在践行当初设定的去中心化社区自治理念。和许多 NFT 项目不同，CryptoPunks 没有官方运营，没有任何干预，没有路线图和计划书。这种文化沿袭了比特币的极致文化，去中心化的理念贯穿始终，这也是许多收藏者愿意加入的重要原因。因为他们的资产不会因为中心化组织的破产、经营不善或任何其他风险而受影响，CryptoPunks 的价值只掌握在 CryptoPunks 拥有者的手里。

▌造富效应

不得不说，很多人了解、购买 CryptoPunks 是看中了巨大的财富效应。诚然，当初免费领取都无人问津的东西，几年后摇身一变成了顶级资产，很多人在这里实现了财富自由，也有很多人拍断大腿。作为最具收藏价值的艺术品，拍卖行、收藏家、明星的加入让这种效应持续放大。

CryptoPunks 在 2023 年被 Yuga Labs 收购，收购之后仍然独立运营，并且在收购时签署了协议，给所有者开放完整的商业版权。

2. Bored Ape Yacht Club

"Bored Ape Yacht Club"（BAYC）已成为迄今为止最受欢迎的 PFP 项目之一（图 3.34）。Yuga Labs 的创始人 Greg Solano 和 Wylie Aronow 于 2021 年 4 月 30 日推出了该系列。最初它在 Web3 世界之外没有知名度，但由于在 Twitter 上获得了大量关注，以及贾斯汀·比伯、帕丽斯·希尔顿、吉米·法伦、沙奎尔·奥尼尔、史蒂芬·库里、阿姆和格温妮丝·帕特洛等名人持有，让 BAYC 一举成为新的标志性 PFP，地板价格一度超越 CryptoPunks。在销售记录中，一只金色的猴子 #8817 以 340 万美元高价通过苏富比拍出，一度引发了争抢猴子大战。

图 3.34　BAYC
（来源：OpenSea）

BAYC 这 10 000 只猿猴中的每一只都是独一无二的，包含 170 种属性特征，用代码编程方式生成，包括背景、衣服、耳环、眼睛颜色、皮毛、帽子、嘴巴等，这些特征和设计深受 20 世纪 80 年代和 90 年代朋克摇滚和嘻哈音乐的启发。在 BAYC 的世界中，时间设定为 2031 年，这些猿类在沼泽俱乐部里闲逛并且"变得很奇怪"，因为它们非常富有，但却很无聊。BAYC 所有者在启动时就被授予了一些公共权利，比如对 BAYC 拥有的任何产品的完全商业权利以及使用私人"浴室"的权利。

因为中国台湾省艺人黄立成的全力推广，BAYC 在亚洲地区也获得了大量关注。他将自己持有的大量 BAYC 赠送给林俊杰、周杰伦、吴建豪、陈柏霖等，通过明星的影响力带动大批亚洲粉丝，BAYC 也拥有了更多元化的社区文化（图 3.35）。

图 3.35　BAYC 全球社区（来源：APE Accelerator /HarryLiu）

BAYC 不仅仅是 PFP，更是社区，既是个人资料图片，又是俱乐部的会员钥匙，BAYC 之所以强大是因为围绕 BAYC 品牌形成了一个极其强大的社区。APEFest 是 YugaLabs 为 BAYC 以及衍生 IP 包括 MAYC 会员设置的专属线下活动，最新一次活动地点在中国香港，吸引了大量所有者和明星参与。

Yuga Labs 通过 MadebyAPE 网站把 NFT 的商业版权赋予所有者，任何人、组织都可以围绕自己的猿猴形象进行二次创作、商业服务。据统计，截至 2023 年 10 月，围绕 BAYC 产生的 IP 已经超过 350 个并且还在迅速增长（图 3.36）。

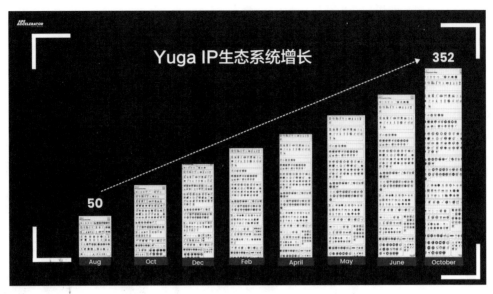

图 3.36 2022.8—2023.10 Yuga IP 生态系统增长
（来源：APE Accelerator /HarryLiu）

通过和阿迪达斯、Gucci、豪雅、BAPE、宝马等顶级品牌联名（图 3.37 ~ 图 3.39），BAYC 已经超越 Web3，正在向一个顶级文化品牌进军。

在原始系列推出后的一年时间里，Yuga Labs 陆续发布了多个系列。2021 年 6 月，推出一个名为 "Bored Ape Kennel Club"（BAKC）的衍生系列，并于同年 8 月推出 "Mutant Ape Yacht Club"（MAYC）系列。

图 3.37 阿迪达斯与 BAYC/CryptoPunks 联名服装（来源：decrypt）

图 3.38　BAYC 主题汉堡店（来源：ustboredandhungry 官网）

图 3.39　MADE BY APES 授权商用的品牌手表（来源：MADE BY APES 官网）

　　社区无疑是 BAYC 强大的主要原因，这也让 PFP 从技术极客和收藏家的小圈子扩张到消费市场。在很多刚接触 NFT 的新手看来，NFT 几乎等于 PFP，而 PFP 里似乎只有猴子的形象最深入人心。在 BAYC 的带领下，2021 年成为当之无愧的 PFP 之年，Azuki、Cool Cats、World of Women、Doodles、CloneX 等一起造就了 NFT Summer。这一年的热度一直延续到 2022 年底，NFT 的搜索量达到了历史高峰，无数人把社交头像换成 NFT，也是在这一时期，围绕 NFT 的创新逐渐缺失，用户的热情逐渐退散，PFP 迎来了历史上第二次"至暗时刻"。

3.4.4 游　戏

游戏一直是由中心化实体控制的，开发商或发行商制定系统规则，并且通常对游戏内的经济体系有严格的限制，玩家被限制出售其游戏物品或资产以换取法定货币，这种情况下，玩家不得不非法使用第三方平台或私下交易。虽然大多数游戏玩家可能满足于现状，但不可否认的是，在网络游戏诞生的几十年里这个情况并没有改善。许多玩家都非常重视自己的虚拟财产，如果游戏开发商有权将这些资产从玩家手中夺走，那玩家是否真正拥有这些资产呢？游戏里的资产可能很值钱，这已不是什么秘密。最稀有的 CS：GO（反恐精英：全球攻势）皮肤价值数十万美元，但是这些交易大多私下进行。

区块链游戏的出现让这些问题迎刃而解，而 NFT 则成为游戏经济体系中最重要的一环。这种数字资产的不可替代性已经开始改变游戏产业的方方面面，无论是游戏内物品的所有权、交易方式，还是玩家的参与模式和创作机会，让我们结合区块链特性一起看看 NFT 到底给游戏产业带来了哪些改变。

资产所有权

NFT 在游戏中引入了真正的物品所有权。传统游戏中，虽然玩家可以购买、收集和交换虚拟物品，但这些物品通常受到游戏开发者的控制。NFT 允许玩家自主拥有游戏内的数字资产并且可以在区块链上登记和交易。这意味着玩家可以真正拥有他们在游戏中获得的虚拟物品，而不仅仅是许可使用权。

玩家的参与模式

NFT 为玩家提供了参与游戏的新途径。玩家可以通过创建、交易和销售 NFT 来赚取真实收入。这意味着游戏不再仅仅是一种娱乐方式，还可以成为一种经济活动，玩家可以投资并获得回报。

去中心化经济体系

NFT 技术允许游戏内经济去中心化。传统游戏中，游戏开发者通常控制着游戏内经济，包括虚拟资产和物品的供应及价值。NFT 技术可以使经济权力下放到玩家手中，他们可以自由交易和决定资产的价值。这种去中心化的经济模式为玩家提供了更大的自主权，同时也降低了潜在的虚拟通货膨胀风险。例如，Axie Infinity 采用去中心化的经济模式，允许玩家在游戏中拥有和交易 NFT。

创作者的机会

NFT 技术为玩家创作者提供机会，他们可以在游戏中创作独特的数字资产，并将其转化为 NFT 进行销售，这为玩家创作者创造了新的收入来源，同时也为游戏带来了更多的创新和多样性。玩家创作者可以设计游戏中的道具、皮肤、地图等，这些创作可以在 NFT 市场上出售。例如，在 Decentraland 等虚拟世界中，玩家可以创作、展示和销售虚拟物品。

资产互通性

NFT 技术有望打破游戏之间虚拟物品孤立的局面。玩家在不同游戏中拥有各种虚拟物品，这些物品通常仅限于特定的游戏内使用。NFT 允许玩家将虚拟物品从一个游戏带到另一个游戏，从而实现物品的互通性。这可以为玩家提供更多自由，同时也促进了跨游戏合作和经济活动。例如，Enjin 推出的 NFT 桥接技术允许玩家将虚拟物品从一个游戏带到另一个游戏，这种互通性促进了游戏之间的合作和互动。

可持续性

NFT 技术为游戏的可持续性和长期运营提供支持。通过创造稀缺和有价值的虚拟资产，游戏开发者可以吸引更多的玩家并维持游戏生态系统的活力。玩家对游戏内物品的投资和拥有权也可以激励他们更长时间地参与游戏，从而提高游戏的生命周期。

玩家权益

NFT 技术可以提供更好的玩家权益保护。NFT 基于区块链技术，交易和所有权都是透明的，可以减少虚假物品和欺诈行为。玩家可以轻松追踪虚拟物品的历史，确保其合法性。

综上，NFT 正在从技术、商业和文化角度彻底改变游戏产业（图 3.40）。在技术层面，NFT 改变了游戏内物品的所有权和交易方式，同时推动了跨平台互通；在商业层面，NFT 开辟了数字资产销售和投资领域；在文化层面，NFT 催生了玩家创作者和社区支持，同时赋予了玩家更多数字表达的机会。这一革命性技术为游戏产业带来了前所未有的创新和可能性，预示着游戏产业的未来将更加去中心化、创新和多元化。

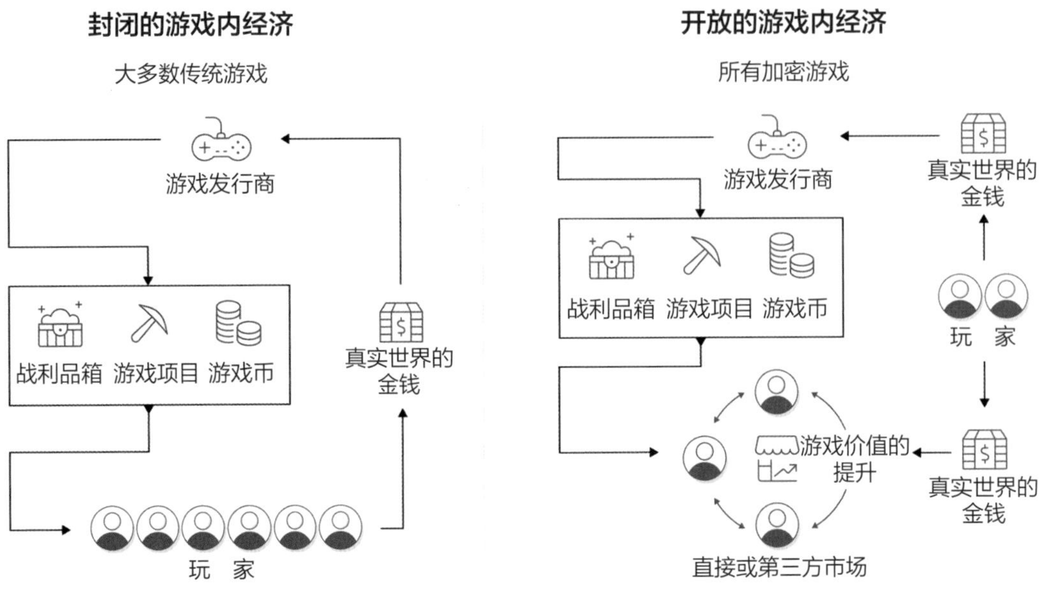

封闭的游戏内经济

大多数传统游戏

开放的游戏内经济

所有加密游戏

图 3.40 NFT 对游戏产业的影响（来源：Chainlink）

1. Axie Infinity

Axie Infinity（以下简称 Axie）是一款基于 NFT 技术的虚拟宠物养成游戏，它已经在区块链游戏界引起了广泛的关注。Axie Infinity 创始人 Trung Nguyen 于 2018 年创建了这款游戏。他创作 Axie Infinity 的初衷是探索 NFT 技术如何改变游戏产业，同时创造一种有趣的游戏体验。游戏的灵感来自于宠物养成游戏和角色扮演游戏，与传统游戏不同的是，Axie 通过 NFT 技术为虚拟宠物和虚拟物品赋予了真正的所有权。

值得注意的是，Axie 是基于以太坊区块链构建的，更确切说，是基于以太坊新建了一个侧链，并使用智能合约来管理虚拟宠物和游戏内经济系统。为了提升游戏的可扩展性，降低成本，Axie 使用 Layer 2 扩展解决方案。

Axie 的玩法类似于宝可梦游戏，玩家购买虚拟宠物 Axie，养育和升级它们。每只 Axie 都是一个 NFT，拥有独特的外观、属性和技能。玩家可以培养 Axie，使其变得更强大，并带它参与各种游戏活动。Axie 提供了多种对战模式，包括 PvP（玩家对玩家）和 PvE（玩家对环境），玩家可以使用自己培养的 Axie 参与对战，争夺奖励和声望。这些比赛需要策略和技能，因此 Axie Infinity 成为一种具有竞争性和战略性的游戏（图 3.41）。

图 3.41　Axie Infinity（来源：Axie 官网）

Axie Infinity 拥有独特的经济系统，允许玩家赚取通证（如 SMALL LOVE POTION、AXS 等）并交易它们。玩家可以通过对战、任务和其他游戏活动赚取代币，然后将其用于培养和升级 Axie。游戏中有社交活动，玩家可以在游戏社区互动，交流经验，分享策略和组建联盟，这种社交互动加强了玩家之间的联系，使 Axie Infinity 成为一款社交游戏。

提到 NFT 游戏，Axie 经常会被作为范例，不仅因为它趣味性强、活跃度高，更是因为它开创了 P2E（Play to Earn）的模式。Axie 的普及侧面帮助更多人了解了 NFT，很多人第一次知道 NFT 是从游戏中获得资产开始的。据区块链分析公司 Nansen 统计，2021 年，Axie 创造了 13 亿美元的营收，其中，2021 年 8 月 6 日单日创下 1750 万美元的销售纪录，Axie 也成为历史上第一个总成交量超过 40 亿美元的 NFT 系列。

2. Sorare

Sorare 是一款卡牌类 NFT 游戏，结合了虚拟卡牌收集和梦幻体育联赛的元素，为全球的体育爱好者提供了一种全新的娱乐方式。与 Axie Infinity 类似，Sorare 也采用 NFT 技术，但它的核心玩法更侧重于体育。Sorare 的创始人致力于将 NFT 技术引入体育领域，这个创意源自对体育的热爱，他们希望将这种热爱与 NFT 相结合，使球迷能够收集并比拼他们最喜欢的足球明星。

Sorare 的核心玩法是让玩家收集虚拟足球卡牌（图 3.42），这些卡牌代表现实世界中的足球球员。玩家可以加入不同联赛，选择喜欢的虚拟足球卡牌组成阵容，并根据实际比赛中球员的表现赚取积分。Sorare 与传统幻想类体育联赛类似，但 Sorare 采用 NFT 技术，每张球员卡都是不可替代的数字资产，这意味着球迷可以真正拥有和交易他们喜欢的球员卡，使游戏更加真实和有趣。球员卡牌根据球员在现实比赛中的表现分为不同的稀有度，通常有"常规""稀有""超稀有"等级。玩家可以通过购买、交易或参加竞拍活动来获取球员卡牌。

图 3.42 虚拟足球卡牌（来源：Sorare 官网）

玩家可以用拥有的球员卡牌组成自己的球队阵容。每个比赛日，玩家需要选择一定数量的球员卡牌组成比赛阵容，这些球员将在真实世界的比赛中参加比赛。阵容的选择需要策略，因为球员在真实比赛的表现将直接影响玩家在虚拟游戏中的积分和奖励。

Sorare 玩家可以加入不同联赛，这些联赛通常基于现实世界的足球比赛，包括欧洲联赛、国家队比赛等，每个联赛都有自己的规则和比赛时间表。在比赛日，玩家需要选择阵容并参加比赛，球员在真实比赛中的表现将根据各种统计数据转化为积分，积分将决定虚拟比赛的胜负和玩家的排名。

玩家可以根据球队在比赛中的表现赚取奖励，积分决定玩家在联赛中的排名，而排名将决定奖金的分配。此外，每张球员卡牌的稀有度也将为玩家赚取额外的奖励，稀有卡牌通常提供更多的积分加成。

Sorare 还有一个球员卡牌市场，玩家可以在市场购买新的球员卡牌，这些卡牌通常以竞拍的形式出售。这为玩家提供了获取新卡牌的途径，玩家也可以在市场上出售自己的球员卡牌。

总的来说，Sorare 的玩法充满深度和策略，让球迷能够更深入地参与足球比赛，并体验到 NFT 技术的魅力。这个游戏为球迷提供了一个全新的数字足球世界，使他们能够真正拥有和管理自己喜欢的足球运动员。因将虚拟世界和现实世界结合起来，Sorare 引起了广泛的关注，成为区块链游戏领域的一颗新星。

3. HV-MTL

HV-MTL 是 Yuga Labs 推出的一款 NFT 进化类游戏（图 3.43）。在 HV-MTL 之前，NFT 的发行都是一次性发售，即发售之后形态、属性都是固定的，后期如果需要变更极其困难。Yuga Labs 在路线图里采用一种倒叙的手法，将终极实现的 MDvMM 游戏里的角色 HV-MTL 提炼成 NFT，并分为 3 个阶段，采用

图 3.43　HV-MTL（来源：Bored Ape X）

游戏化方式进行进化、解锁。这意味着 NFT 的稀缺度不再靠运气，而是靠投入度，每个阶段的游戏有不同的任务，完成任务后获得最终的排名、分数、道具，玩家可以持续打造自己的 NFT。

游戏分为 3 个阶段，通过召唤领取、下水道（Dookey Dash）游戏排名和伴侣（Companion）完成第一次 EVO1 机甲变身，通过在 Forge 阶段争夺安培奖励（Amps）和打造能量分数（Power Score）完成第二次 EVO2 机甲变身。2024年，HV-MTL 可以进入 Yuga Labs 开发的另外一款游戏"马拉传奇"（Legends of the Mara），实现游戏的互通性。EVO2 到 EVO3 阶段是另外一个游戏，在游戏结束持有 BAYC 和 BAKC 的玩家将会有一个分支从而完成最终进化，正式开始 MDvMM 游戏。

值得注意的是，在开始游戏之前必须持有下水道游戏的门票，而这些门票正是 BAYC 和 MACY 会员的福利——免费空投。Dookey Dash 是一个简单到无聊的游戏（图 3.44），鼠标操作移动一只 BAYC 在不同速度下躲避或撞击随机出现的物品，最终得到一个积分排名，游戏结束后，排名会变成稀缺度不同的 NFT。Dookey Dash 吸引了众多职业电竞选手参加，因为在游戏里有一把唯一的金钥匙 NFT，只有第一名才能拥有，非常稀缺。经过一个多月的比拼，职业电竞选手 Kyle Jackson 获得了这把金钥匙 NFT，并以 1000 个 ETH 约 160 万美元成功售出。

图 3.44　Dookey Dash 游戏（来源：Dookey Dash 官网）

在 Dookey Dash 之后，Yuga Labs 通过燃烧带有积分的门票把所有玩家的 NFT"进化"成第一代 HV-MTL 机甲 NFT。这是一个非常复杂的 NFT 合集（图 3.45），3 万个 NFT 分成 8 种类型，每个类型又具有 8 种不同的属性。2023 年 5 月，HV-MTL 开始了第二代进化游戏 Forge，这是一个养成、建造类小游戏。通过建造地砖逐渐解锁 4 个传送门，地砖不同、传送门数量不同对应不同的能量，能量可以用来投票，每天投票的结果决定了每日排名，每日排名又决定赛季排名，整个游戏一共分为 6 个赛季，跨度长达 6 个半月。解锁最大的传送门之后就可以让 HV-MTL 进入 Rift，参与最终的打 Boss 环节，通过解锁 5 个（有一个隐藏副本）Raid Boss 获得积分，排名第一的选手可以获得最多 8 万美元的奖励。

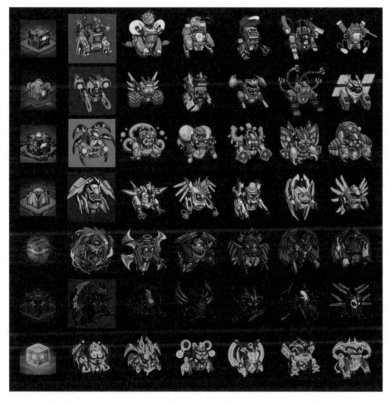

图 3.45　HV-MTL 机甲 NFT（来源：HV-MTL 官网）

本书截稿时 HV-MTL 还在继续。这是一个非常典型的以 NFT 为主体的游戏，让游戏本身真正为 NFT 服务，玩家完全拥有 NFT，可以自由交易、转让。每一次新的铸造都会在区块链上销毁之前的 NFT，在加入通过游戏获得的新属性之后获得新的 NFT，这个玩法开创了一个新模式。在 PFP 跌落神坛之后，市场迫切需要找到新的玩法，而 HV-MTL 似乎给了市场新的启发。

3.4.5 元宇宙

元宇宙（Metaverse）这个词 1992 年首次出现在科幻小说 *Snow Crash* 中出现，由前缀"meta"（意为超越）和词根"verse"（意为宇宙）组成。元宇宙可以理解为一个虚拟空间，这个虚拟空间可以借助计算机虚拟现实技术模拟呈现，区块链出现之后，元宇宙与 NFT 融合，在 NFT 领域出现了大批元宇宙项目。类似于我们对现实世界的理解和体验，在元宇宙生存首先需要在数字世界购买土地和车辆等虚拟资产才可以与朋友一起出去玩、参加活动等。在 NFT 出现之前就已经存在很多元宇宙游戏，但直到 NFT 出现，虚拟世界的价值才第一次被确权，只有明确一个世界里资源的归属权，这个世界才真正开始运转。

除了资产，还有一个颇具哲学意味的问题：世界由谁主宰？比如游戏《我的世界》的主宰者就是微软，它可以决定这个世界的所有生杀大权，而新范式下的元宇宙主宰权必然是去中心化的、属于每个人的。以这个标准去衡量，几乎没有几个元宇宙项目可以站得住脚，似乎人人都想成为"上帝"，去主宰每一个被策划出来的"宇宙"。在区块链的世界，一切似乎又有了新的答案，NFT 让资产的确权得以实现，同时去中心化的治理模式让元宇宙看到了持续性存在的理由。一切资产都公开、透明地发行在区块链上，即便是项目方也无法修改，无法让资产通胀。社区的治理也开始由社区成员投票决定。

想全面理解元宇宙并不容易，因为元宇宙的概念也在不断被泛化，"遇事不决元宇宙"已经成为一种调侃。尤其是在国内，元宇宙曾经一度成为媒体热炒的概念，全国各地甚至出现了各种元宇宙基地，但很快，所剩无几。基于区块链的元宇宙也在 2021 年大火之后逐渐陷入冷静。客观来说，区块链在元宇宙的应用，开创性的意义大于实际应用价值，而我们正身处于这个时代洪流之中，每一天都有新变化，应该乐观地看待新生事物。

1. Decentraland

Decentraland 是元宇宙的一部分，它代表了去中心化虚拟世界的一种典型案例（图 3.46）。Decentraland 于 2017 年由一群技术爱好者和区块链开发者在以太

坊公链上创立，它的独特之处在于采用 NFT
技术代表虚拟土地和数字资产。虚拟土地是
Decentraland 的核心资源，开发者把虚拟土
地的所有权和交易通过智能合同记录在以太
坊区块链上，这意味着每块虚拟土地都是不
可替代的 NFT，具有唯一性和独立所有权。

图 3.46　Decentraland
（来源：Decentraland）

　　Decentraland 的开发者鼓励用户通过购
买、持有和开发虚拟土地来建立自己的数字
空间，从而为元宇宙的建设做出贡献。Decentraland 的发展符合去中心化的思想，
也就是说它不受单一实体控制而是由社区共同管理。这种模式赋予用户更多的自
由和创造力，同时也提高了透明度和安全性。在 Decentraland 中，用户可以创建
虚拟现实体验、参与社交活动、交易数字资产甚至举办线上活动。这一平台不仅
为虚拟现实爱好者提供了创造性的空间，也为企业和创作者提供了机会，以新的
方式接触他们的受众。

▍虚拟土地

　　在 Decentraland 中，虚拟土地是核心资源，也是 NFT 的典型应用之一。这些
虚拟土地以区块链技术记录在以太坊上，每一块土地都有唯一的坐标，这让虚拟
土地成为不可替代的数字资产。用户可以购买这些虚拟土地，然后自由地设计和
开发它们，虚拟土地的所有权赋予用户广泛的自由度，他们可以创建虚拟建筑、
景观、艺术装置等。这些虚拟土地可以被租赁、买卖或以其他方式交易，创造了
一个活跃的市场。

▍创作与互动

　　Decentraland 为用户提供了多种方式来创作和互动。用户可以使用平台提供的
虚拟世界编辑器设计和构建虚拟场景，可以定制自己的虚拟现实体验，包括建筑、
景观、游戏、社交场所等，这为用户在创意和技术方面的天赋提供了广泛的发挥
空间。互动也是 Decentraland 的关键特点，用户可以与其他虚拟居民互动，参
加社交活动、音乐会、展览和游戏。这种虚拟社交体验有时比现实生活中更具创
造性，因为它不受地理位置的限制，任何人都可以轻松参与。

▌经济系统

Decentraland 的经济系统建立在区块链和 NFT 之上，这套经济系统包含 MANA 代币和各种 NFT 资源。MANA 是 Decentraland 平台的原生代币，用于购买虚拟土地、数字资产和虚拟商品。虚拟土地的每一个地块都是一个 NFT，它们可以在二级市场上自由交易，从而创造土地的经济潜力。用户可以购买土地并开发它，然后将其出售，实现投资回报。Decentraland 的经济系统鼓励用户参与社区治理，创造内容和建设虚拟世界，从而推动平台的发展和成长。

Decentraland 吸引了一些知名品牌入驻合作，这对于推动元宇宙的发展具有重要意义，合作涵盖时尚、体育、娱乐、科技等领域。接下来，让我们看一些知名品牌如何入驻 Decentraland，并与这个虚拟世界互动。

一些著名的时尚品牌在 Decentraland 平台设立虚拟门店，提供数字时装和虚拟配饰。这些品牌看中了元宇宙的潜力，可以让用户购买虚拟服装并在虚拟世界中展示自己的时尚风格。Gucci 在 Decentraland 平台开设了虚拟门店，名为"Gucci Garden"（图 3.47），提供了虚拟的时尚商品，如数字版的鞋子、手袋和服装。这一虚拟门店吸引了众多时尚爱好者和数字艺术家，为虚拟时装的发展开辟了新的道路。

图 3.47　Gucci Garden（来源：Decentraland）

体育品牌和球队也看到了 Decentraland 中的机会。他们在这个虚拟空间举办虚拟比赛和体育活动，吸引粉丝的关注，并创建了新的互动方式，比如虚拟现实球迷体验。NBA 和 NHL 球队也加入 Decentraland 的行列，他们在虚拟世界创建虚拟球馆，供球迷观看虚拟比赛和互动。这使得体育迷可以在虚拟世界中支持他们喜欢的球队，同时也为球队提供了一种与粉丝互动的新方式。

音乐家和娱乐公司也开始利用 Decentraland。他们在这里举办虚拟音乐会、电影首映礼和演出，为粉丝提供全新的娱乐体验，这为娱乐行业创造了一种全新的数字渠道。著名音乐家 The Weeknd 曾在 Decentraland 举办虚拟音乐会，吸引了数千名虚拟观众。这一虚拟音乐会是一次沉浸式的数字音乐体验，为音乐家提供了与粉丝互动的全新方式。

Decentraland 的出现具有开创性的意义，它带来了一种全新的数字资产拥有和交易方式，即 NFT。NFT 可以代表虚拟土地、数字艺术品、虚拟商品等，使数字资产具有唯一性、稀缺性和独立所有权。这不仅改变了数字资产的拥有方式，还让创作者可以从数字资产中获益。Decentraland 展示了元宇宙的潜力，以及如何将区块链、虚拟现实和去中心化社交融合在一起，为未来的数字世界提供灵感，让人们开始探索更多创新的可能性。

2. Otherside

Yuga Labs 从 PFP 项目 BAYC 开始，接连收购了 CryptoPunks、Meebits 等一系列项目，在自己的版图上又诞生了 MAYC、BAKC，所有拼图都指向一个更宏大的目标——元宇宙。2022 年 4 月，Yuga Labs 的元宇宙项目 Otherside 正式拉开帷幕（图 3.48），这将是未来 10 年元宇宙最具影响力的项目，必须给予足够重视。

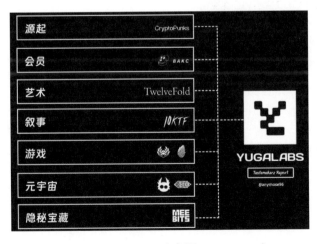

图 3.48　Otherside（来源：anymose）

Otherside 是一个游戏化的、可互操作的元宇宙，目前正在开发中。这是一个大型多人在线角色扮演类型（MMORPG）的游戏，并且把 Web3 的虚拟世界融入其中。我们可以把它想象成一个元角色扮演游戏，玩家拥有这个虚拟世界，NFT 成为可玩的角色，注意，是成千上万人可以实时一起玩的游戏。这里的 NFT 包括但不限于 Yuga Labs 自己的 NFT，Otherside 开放了接入等 SDK，任何 PFP 类的 NFT 都可以进行开发接入，把其他 NFT 带入 Otherside 一起参与元宇宙。

▍土　地

Otherside 的土地被称为 Deed（契约，图 3.49），通过它玩家可以参与最终游戏体验的原型构建、演示和测试。这是一个真正的社区驱动的宇宙，所有开发、创造和测试都是社区成员一起完成的，它也许不会有一个最终的完成时间，而是一直在建造。

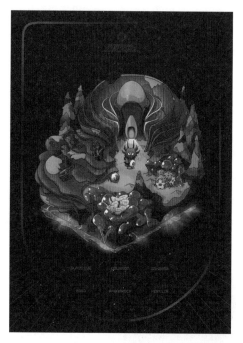

图 3.49　Deed（来源：Othersidewiki）

这个元宇宙总共有 200 000 块土地，前 100 000 块 Otherdeed 在 2022 年 4 月 30 日开放认领和购买，其中 10% 免费空投给 BAYC 的所有者、20% 空投给 MAYC 的所有者，55% 用于公开销售，还有 15% 保留，作为游戏开发者的奖励。所有土地都有不同的位置，BAYC 所有者分到最靠近核心的位置。另外 100 000 块土地专门奖励给拥有土地并为 Otherside 发展做出贡献的社区成员。

这次发售堪称历史之最，Yuga Labs 凭借超强的品牌号召力在这次发售中获得了 3.2 亿美元的收入，发售火爆一度引起以太坊区块链的瘫痪，单纯 Gas 费就消耗了 1.67 亿美元，单笔交易的 Gas 费更是暴涨到 5 个 ETH（约 13500 美元），几乎是土地本身销售价格的两倍。

▍属　性

Otherside 的土地是一个超级复杂的、庞大的系统，属性多达数千种，如果再组合起来就会超过数万种。

Sediments（图 3.50）：按土地空投、发售的位置不同，Otherside 分成 5 个 Sediments，简单理解成"五环地基"。从内到外依次是 Biogenic Swamp、Chemical Goo、Rainbow Atoms、Cosmic Dream、Infinite Expanse，每个类型又分成了 3 个不同等级。

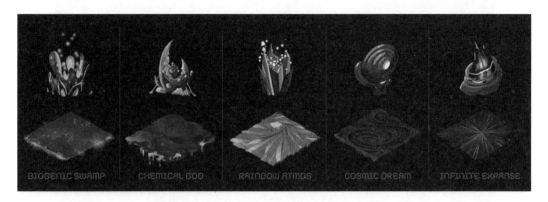

图 3.50　Sediments（来源：Othersidewiki）

Environment：环境是指不同地基情况下土地的形态，一共有 8 种环境，除特殊的黑洞 Chaos 之外，其他环境又各分成 4 种类型。

Decay 分为 Bog、Thornwood、Ruins、Plague，Harsh 分为 Glacia、Splinter、Wastes、Bone（图 3.51）。

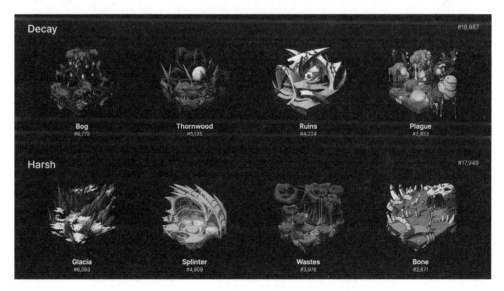

图 3.51　Decay 和 Harsh（来源：Othersidewiki）

Spirit 分为 Steppes、Sands、Veldan、Sky，Volcanic 分为 Molten、Sulfuric、Crimson、Obsdian，Mineral 分为 Biolume、Spires、Crystal、Luster（图 3.52）。

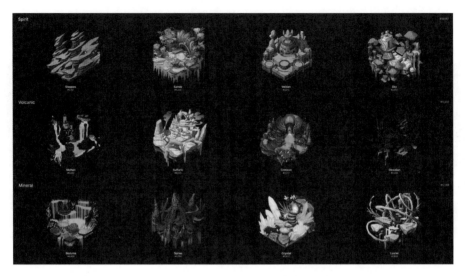

图 3.52　Spirit、Volcanic 和 Mineral（来源：Othersidewiki）

Growth 分为 Mystic、Jungle、Mycelium、Botanical，Psychedelic 分为 Mallow、Shadow、Sludge、Acid（图 3.53）。

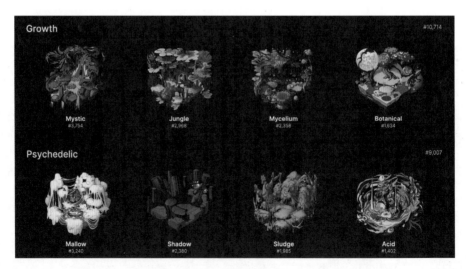

图 3.53　Growth 和 Psychedelic（来源：Othersidewiki）

另外还有一种独一无二的环境类型叫作 Chaos，也被称为"黑洞"，是 Otherside 里最贵的环境，最高出售价格超过 70 万美元。

▌Resources

每块土地上都有不同的资源分布，有些资源非常稀缺，价值很高。不同资源也为后续元宇宙的发展埋下了伏笔。根据统计，资源包括 Anima、Ore、Root、Shard 四个大的分类，每个分类下又有许多小分类，总计 74 种（图 3.54）。

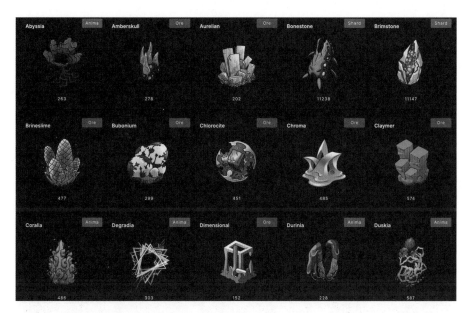

图 3.54　资源分类（来源：Othersidewiki）

▌Artifacts

除了可开采的资源，土地中还有不同的工具，一共有 74 种工具，分成 Unique、Creatures、Tools、Celestial、Orb、Obelisk 6 种，另外还有 9 种稀有的 Artifacts（每种只有 1 件），其中 Mystery Potion 推出和 Gucci 联名的作品（图 3.55），售价高达 625 个 ETH，约合 118 万美元。

图 3.55　Artifacts（来源：Yuga Labs 官网）

■ ODA

有了土地之后，Otherside 开始引入角色，其中最核心的角色是 Koda，其次是 Mara，即进化后的 Koda Mara。

Koda 是随机分布在 Otherside 土地上的神秘生物（图 3.56），一共有 10 000 种独特的生物，它是 Otherside 的主要守护者。Koda 一共分成 3 个类别，即常规 Koda、武器 Koda 和超级 Koda，其中最为稀有的超级 Koda 只有 99 只，每个都精美绝伦，当然也价值不菲，最贵一只售价为 280 个 ETH，约合 78.4 万美元。

图 3.56　Koda（来源：Yuga Labs 官网）

"马拉传奇"（Legends of the Mara，LoTM）是一款建立在 Otherside 元宇宙的 2D 游戏。LoTM 围绕 Koda 而建，同时还推出了名为 "The Mara" 的全新系列（图 3.57），该系列可以演变成强大的 Kodamara。要想体验游戏，玩家必须拥有至少一块 Otherside 土地、一个 Koda 或者 Mara。Koda 在狩猎、附魔和耕种方面拥有非凡的能力，远远超越了 Mara 和 Kodamara。

Otherside 代表了元宇宙的未来，也承载着 Yuga Labs 成为 Web3 版迪士尼的梦想。通过销售虚拟土地，长达 2 年的开发被分成不同的测试版本，每个版本都会邀请用户参与测试并发放相应的测试激励。这个元宇宙还在不断构建，每一天都有新鲜事情发生。

图 3.57　The Mara（来源：Yuga Labs 官网）

3.4.6　功能品

很多人对 NFT 的认知还停留在"小图片"头像，但作为区块链上唯一存在的属性，NFT 已经可以映射多种资产，充当很多功能性替代品，让 NFT"有用"是长久以来的课题。从比特币诞生开始，就有无数极客探索在比特币区块链或侧链、分叉链上用 NFT 来表示现实资产（RWA）。当以太坊带着智能合约从天而降之后，功能性 NFT 悄然成长。去中心化域名、社区验证通行证、实体和虚拟金融凭证这些特殊类型的 NFT 已经在 Web3 大展拳脚。

1. Uniswap V3 NFT

Uniswap V3 是 Uniswap 去中心化交易协议的最新版本，它允许用户提供流动性，同时实现更高级别的控制和风险管理。Uniswap V3 的主要创新之一是引入可区分范围的流动性，这对于更精细的价格控制非常有用，另外它使用 NFT 技术代表用户提供的流动性，这个被称为"范围证明"的 NFT 是一个重要的金融创新，可以为流动性提供者带来更多的灵活性和控制权。

在 Uniswap V3 上，流动性提供者（LP）头寸表示为 NFT（ERC-721 代币），而不是 Uniswap V1 和 V2 上的可替代 ERC-20 代币。根据池和流动性提供界面上选择的参数，用户会自动铸造一个独特的 NFT，代表用户在该特定池中的位置。

图 3.58　Uniswap V3 NFT
（来源：OpenSea）

作为 NFT 的所有者，用户可以修改或赎回仓位。这个 NFT 带有一件独特的、完全在链上生成的 SVG 艺术品。如图 3.58 所示，在 NFT 顶部，可以看到交易对（Pair）的符号，并在其下方看到选定的手续费等级。NFT 的左下角通证符号和矿池的地址不变化，在 NFT 中间我们可以找到代表位置"陡峭度"的黏合曲线，曲线的形状由开仓者设定的价格范围决定，曲线的弯曲度由流动性的集中度、初始存入的比例决定。

NFT 的配色方案基于两个基础的交易对，但每个通证 ID 的颜色是唯一的，因此每个 NFT 都是独一无二的，我们可以在界面找到 NFT 的 ID 以及流动性提供者设置的最小价格和最高价格范围。NFT 右下角的小图标显示了流动性提供者在资金池中活跃曲线（价格范围的位置）中的 LP 位置。

只有在钱包中持有 Uniswap V3 NFT 时，我们才能从头寸中删除流动性。如果删除流动性，那么 NFT 就会被销毁，其中，持有的通证将与头寸未平仓时产生的费用一起存入 NFT 所有者的钱包。如果价格保持在设定的范围内，用户将收到由该头寸代表的两个通证，如果价格超出在开仓时设定的价格范围，这种现象称为无常损失，在极端情况下，用户只能收到流动性池子（LP）里的一个通证。

请务必注意，Uniswap V3 NFT 可以像 PFP NFT 那样在交易市场自由交易，出售 NFT 就意味着提供的流动性一起被出售。之前就有用户创建了一个价值 12.7 万美元的流动性池，结果不小心把这个池子生成的 NFT 以 1 个 ETH 出售了，损失惨重。

除了直接交易，Uniswap V3 NFT 还可以被作为抵押物进行再融资贷款，因为这个 NFT 代表流动性池子的资产，是一个资产凭证，所以用凭证来抵押再融资已经成为 NFTFi（NFT 金融）中很重要的手段。用户可以通过 ParaX、Themis 等质押 Uniswap V3 NFT 借出稳定币或其他数字货币。

从 Uniswap 官方文档找到了管理 NFT 的规范接口，可以通过它更好地理解这个 NFT 是如何被生成、铸造、调整和销毁的。

构　建

```
function constructor(
    ) public
```

头　寸

```
function positions(
    uint256 tokenId)
    external view returns (uint96 nonce, address operator, address token0,
        address token1, uint24 fee, int24 tickLower, int24 tickUpper, uint128
        liquidity, uint256 feeGrowthInside0LastX128,
        uint256 feeGrowthInside1LastX128, uint128 tokensOwed0,
        uint128 tokensOwed1)
```
// 返回与给定 ID 关联的头寸信息，如果 ID 无效则抛出异常

铸　造

```
function mint(
    struct INonfungiblePositionManager.MintParams params)
    external returns (uint256 tokenId, uint128 liquidity, uint256 amount0,
        uint256 amount1)
```
// 创建一个包装好 NFT 的新头寸，所有这一切都是在池确实存在并初始化时进行的。请注意，如果池已创建但未初始化，则不存在方法，假定池已初始化

TokenURI

```
function tokenURI(
    uint256 tokenId)
    public view returns (string)
```
// 返回描述特定令牌 ID 的 URI

增加流动性

```
function increaseLiquidity(
    struct INonfungiblePositionManager.IncreaseLiquidityParams params)
    external returns (uint128 liquidity, uint256 amount0, uint256 amount1)
```
// 增加头寸中由 msg.sender 支付通证的流动性

▌销　毁

```
function burn(
    uint256 tokenId)
    external
// 销毁代币 ID，将其从 NFT 合约中删除，代币的流动性必须为 0，并且必须先收集所有代币
```

Uniswap V3 使用 NFT 技术改变了去中心化交易和流动性做市商的运作方式，为用户提供了更多灵活性和控制权，这是 NFT 技术在金融领域的一个重要示例，它展示了如何利用 NFT 来创造更多创新的金融工具和服务。与此相似的还有以太坊质押服务商 stake.fish 为用户提供的质押凭证 NFT，用户在网站质押了 32 个 ETH 成为节点之后会获得 NFT 表征权益，这个 NFT 可以在 ParaX 等网站充当抵押物，从而解放流动性，获取更大的灵活性。

2. ENS

在第 2 章我们详细介绍了如何创建一个去中心化域名，并了解到域名也是 NFT 的一种。ENS（Ethereum Name Service）是一个基于以太坊区块链的服务，旨在提供去中心化的域名解析和管理。它之所以被称为 NFT，是因为每个 ENS 域名都可以被视为一个独特的不可替代代币（NFT），并且可以用智能合约进行包装，尤其是针对二级域名。

和 PFP 或艺术类 NFT 一样，每个 ENS 域名都是唯一的，只能被一个地址所持有。由于每个 ENS 域名都是唯一的，不同域名具有不同的价值和含义，所以它们是不可交换、不可替代的。拥有某个 ENS 域名的地址就是该域名的合法所有者，NFT 代表数字资产的所有权。ENS 域名也可以在类似 OpenSea 等交易市场自由买卖和交易（图 3.59），用户可以将域名转让给其他地址，从而进行交易。更为重要的是，ENS 是以太坊生态系统内的一种 NFT，与以太坊智能合约和其他 Dapp 集成，用户能够使用域名、智能合约、钱包地址和其他以太坊资源进行交互。

ENS 的工作原理类似于互联网的域名服务（DNS）。DNS 将 IP 地址（一串数字）转换为对人类友好的域名（称为 URL），同样，以太坊名称服务将机器可读地址转换为人类可读地址。要了解 ENS 的工作原理，我们必须先了解它的组成，本质上 ENS 包括两个遵循 ERC-721 标准的以太坊智能合约（图 3.60）。

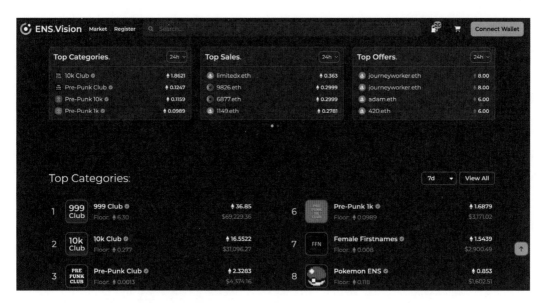

图 3.59 专业的域名 NFT 交易网站（来源：ENS.visions）

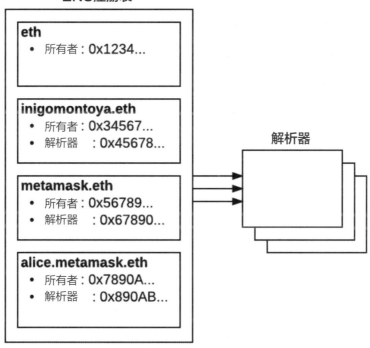

图 3.60 ENS 的组成（来源：Docs.ens）

第一个称为注册表，记录所有域名，每个域名都包含所有者的详细信息、所有域记录的缓存生存时间，以及解析器的链接。解析器是第二个智能合约，负责将名称转换为地址，反之亦然。解析器将每个域与其用户、地址、IPFS内容哈希或网站相匹配。

2021年10月9日，Paradigm.eth域名被Web3顶级风险资本Paradigm以420个ETH（约150万美元）收购，创下了最贵域名销售纪录。作为一个特殊类型的NFT，2022年是ENS发展最为疯狂的一年。ENS已成为数千名Dapp用户的首选，并让他们能够完全转向Web3。仅2022年4月，ENS上就注册了约16.3万个新域名，到4月底该平台上的日交易量超过OpenSea上的BAYC NFT。5月2日达到新的里程碑——ENS创建了100万个域名NFT。如今，ENS注册总域名已经超过260万个，有超过600个Web3应用集成了ENS NFT，总用户高达75万。

在ENS之后，域名类NFT迎来大暴发，几乎每条公链都出现了数个域名服务商。币安智能链出现了.bnb，Flow链出现了.fn，Arbitrum链出现了.arb，Sui链出现了.sui，Solana链出现了.sol……目前这个小的分类已经成为功能性NFT版图的重要组成部分。

第4章

当创作者经济遇见 NFT

　　NFT 的出现彻底改变了创作者的世界。它为数字作品赋予了实际价值，不仅打破了传统市场的中介，还为创作者提供了新的收入来源。与此同时，NFT 也带来了新的挑战，需要创作者不断学习和适应。在接下来的章节中，我们将讨论创作者如何在 NFT 时代做好准备，把握住这一历史性的新机会。

创作者与创作者经济

4.1.1 什么是创作者经济？

创作者经济，顾名思义就是创作者营造出的经济生态，从构词来看，由创作者（creator）和经济（economy）组成。YouTube 最早用创作者取代原有的视频制作者称呼，把从事视频制作的自由者称为创作者，也正是从那个时候起，创作者经济开始和 Web 2.0 结合，逐渐为世人所熟悉。

回顾创作者经济的发展历史，可以追溯到久远的年代，按媒介属性大致可以分为 3 个阶段（图 4.1）。

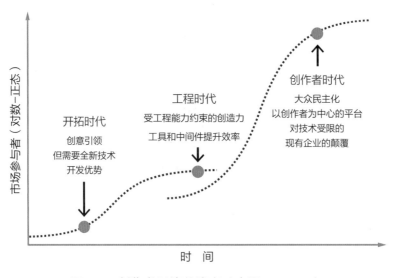

图 4.1　创作者经济的演变（来源：Radoff）

1. 文字与印刷时代

创作者经济的历史可以追溯到古代文明，尤其是在古希腊和古罗马时期。古代作家、诗人和画家为了赚取生计，可能会为贵族、政府或宗教机构创作作品以获得金钱和权力的支持。这一传统延续至中世纪和文艺复兴时期，贵族和教会的赞助帮助创作者维持生计。

随着工业革命的兴起，19 世纪的创作者经济发生了显著变化，文学和艺术市场迅速扩大，创作者可以通过出售作品的版权或拍卖作品来获得收入。此时出现了文学杂志、艺术画廊和出版商，它们帮助创作者将作品传播给更广泛的受众。

2. 电视与电影时代

20 世纪初，电影和电视产业崭露头角，为创作者提供了新的机会。电影导演、编剧、演员和制片人开始通过制作电影、演出和电视节目来赚取收入。这些媒体不仅为创作者提供了更广泛的观众，还为他们带来了商业化的机会。音乐产业也经历了变革，音乐家和歌手开始通过录制音乐作品、音乐会巡演和销售唱片来赚取收入。音乐制作公司和唱片公司成为音乐创作者的重要合作伙伴，帮助他们推广音乐并获取收入。

3. 数字出版时代

互联网为创作者经济带来了革命性的改变。互联网的兴起使创作者能够通过博客、社交媒体、自出版和在线出版推广和销售作品，为独立创作者提供了更多的自由和控制权，使他们能够直接与受众互动，获得新的收入来源。视频分享平台和流媒体服务的崛起使视频创作者、博主和内容创作者能够通过发布在线视频赚取广告收入和会员制订阅费。这一领域的快速发展为新一代创作者提供了新的机会，使他们能够在全球范围内建立自己的品牌。

我们把区块链和 NFT 时代放在最后，不仅因为这个阶段正在发生，还因为它们和其他阶段相互融合。区块链和 NFT 的兴起让创作者经济继续发展和演变，许多创作者涉足 NFT 领域。同时传统媒体和数字媒体之间的界限变得模糊，新的商业模式和收入来源不断涌现。未来，创作者经济会继续受到技术创新和市场需求的影响。智能合约、区块链和虚拟现实等技术将继续改变创作者经济的面貌，同时市场趋势和受众需求也将推动创作者不断探索新的机会和领域。

回到创作者经济的定义，我们可以将它粗略归纳为一个以创作者和创作为核心的经济体系，创作者通过其独特的技能、知识和创造力来创造内容、产品或服务，并从中获得经济回报。这一经济体系包含多个不同领域的创作者，他们以不同方式参与经济活动。如果想更好地理解这个定义，请允许我们把创作者经济再细分一下赛道，看看他们在做什么以及究竟以什么模式赚钱。

文　学

这个领域包含作家、记者、小说家、诗人和其他文学创作者。他们创作书籍、文章、诗歌和其他文学作品，通过销售作品的版税、广告或赞助等来赚取收入。

视觉艺术

视觉艺术领域包含画家、摄影师、插画家、雕塑家和其他艺术家。他们创作绘画、摄影、雕塑等艺术品，通过出售艺术品、策划展览、艺术品拍卖或艺术品授权等来赚取收入。

音　乐

音乐领域包含音乐家、歌手、作曲家、制作人和演奏家等。他们通过制作音乐、演出音乐会、销售音乐作品、音乐流媒体和音乐版权授权等来赚取收入。

影视和表演艺术

这个领域包含演员、导演、编剧、制片人和其他影视从业者。他们通过参与电影、电视节目、戏剧、广告和在线视频制作等来赚取收入。

游戏和媒体

游戏和媒体领域包含游戏设计师、游戏开发者、博主、网红和在线视频创作者等。他们通过创建游戏、内容制作、在线广告、会员制订阅和赞助等来赚取收入。

设计和创意产业

设计和创意产业包含平面设计师、插图师、建筑师和其他创意从业者。他们通过平面设计、创意项目、建筑设计、品牌设计和广告等来赚取收入。

这些分类可以叠加复用在任何媒介之上，比如电影电视行业、出版印刷行业、短视频直播行业、广播音频行业、游戏娱乐行业等，所谓三百六十行，行行出状元。互联网为创意人士提供了许多在线赚钱的机会，作家、音乐家、电影制作人和其他内容创作者都可以直接与粉丝进行交易并获得可观的回报，与此同时，也出现了新的利基市场，比如游戏主播、直播带货等。

过去，如果想通过创作谋生，通常必须与出版社、电影公司或唱片公司合作。现在，创作者可以自己赚钱，不需要经纪人或与"大媒体"签订长期合同。在最近的创作者收入报告中，NeoReach 调查了 2000 多名创作者，发现近一半的人从事全职内容创作工作，最重要的是，其中有 35% 的创作者已经和粉丝建立了至少四年的紧密连接关系，年收入超过了 5 万美元。内容创作不仅是一种赚钱方式，也是年轻一代新的职业模式，他们不再拘泥于朝九晚五的格子间生活，与粉丝建立连接、在某个细分赛道成为专家就足以养活自己。

现在有许多交易市场，创作者可以在线出售创意，比如可以在 Amazon Publishing 做出版、在 Etsy 和小红书贩卖创意手作、在 Twitch 或斗鱼上做游戏主播、在 TikTok 或快手上创作短视频内容。如此丰富的创作者经济，市场究竟有多大，我们可以用一些数字来描绘。

在 Influencer Marketing Hub 的报告里，全世界有超过 5000 万人从事创作者工作，其中约 4670 万人认为自己是业余爱好者，200 多万人认为自己是专业创作者并赚取了足够的收入，他们将内容创作视为全职工作。值得注意的是，约一半的专业创作者（约 100 万）在 YouTube 上赚钱，约 25%（50 万）通过 Instagram 赚钱。另一个面向专业创作者的大型平台是 Twitch，拥有约 30 万名专业主播。剩下的约 20 万人从其他来源获得创作者收入，例如表演、音乐、播客、博客、写作和插图。虽然许多业余创作者也可以凭借他们的创造赚取一些收入，但是还不足以让他们放弃全职工作。

报告同时还指出，到 2027 年全球创作者经济预计将产生 4800 亿美元的收入，是数字媒体中增长最快的子行业。在接受调查的 2000 多名创作者中，超过 300 名兼职创作者每月收入在 2500 美元至 5000 美元，92% 的创作者通过品牌植入获得大部分收入，其中，科技和商业类的创作者是年收入超过 15 万美元的顶级群体。超过 10% 的受访者创立了自己的品牌。

国内方面，《2022 年互联网创作者经济白皮书》指出，2022～2024 年中国互联网创作者人群可达 6000 万人，97% 选择视频类赛道，34% 选择图片视觉类，文字和音频类分别占 21.8% 和 2%。在内容创作方向，40.8% 选择泛知识类内容、36.5% 创作泛生活类，游戏和音乐分别占 25.6% 和 22.9%。从核心创作者的收入来看，33.33% 的创作者没有收入，33.33% 每个月收入小于 1000 元人民币，月收入超过 3 万元人民币的仅占 3.5%。

4.1.2 创作者经济崩溃了吗？

创作者经济正在崩溃，因为这几乎是一个赢家通吃的市场。少数顶级创作者分走了市场绝大部分的收入，当然，平台抽走了更多。Spotify 上 90% 的流媒体版税流向了前 1.4% 的音乐家；所有主播中排名前 1% 的人在 Twitch 上赚取了一半以上的收入；YouTube 只有 3% 的创作者每年创作视频可以赚到 1.7 万美元，为此需要完成至少 140 万次观看。

相比于头部创作者分走的蛋糕，平台才是最大的获益者。根据 a16z 公司在 2022 年区块链现状报告中的数据（图 4.2），苹果的 App Store 需要抽取 30% 的费用、YouTube 的比例是 45%，而 Meta（Facebook）、Instagram 则是 100%！X（前 Twitter）最近在慢慢加入创作者分成计划，也就是说，在传统的平台，创作者创造的收益绝大部分都归平台所有。从具体数字来看，Spotify 2021 年营收 70 亿美元，平台拥有超过 1100 万创作者，平均每人可分 636 美元；YouTube 收入是 150 亿美元，创作者频道有 3700 万，平均每个频道收入 405 美元；Meta（Facebook）收入 3 亿美元，29 亿用户，平均每个用户收入是 0.1 美元。

1. 总收入计算为2021年NFT ERC-721或ERC-1155所有以ETH计价的一次销售，加上OpenSea二次销售的创作者版税之和。创作者的数量由2021年在OpenSea上举办铸币活动或销售的NFT ERC-721和ERC-1155的数量表示

NFTs
$3.9十亿[1]
22 400创作者
$174k平均每位创作者

$7十亿[2]
1100万艺术家
$636平均每位艺术家

2. 总收入表示为2021年支付版权（如唱片公司、分销商等）的金额。艺术家数量是截至2021年底平台上创作者的数量

3. 总收入是根据YouTube 2021年的广告收入和据报道分配给创作者的55%来估计的。频道的数量基于公共数据源报告的频道数量（每个频道的平均支出于2022.5.19日更新）

$15十亿[3]
3700万频道
$405平均每个频道

$300十亿[4]
29.1亿用户
$0.10平均每个用户

4. 总收入根据Facebook的承诺估算，即"到2022年向创作者支付10亿美金"，在2021年按比例分配。用户数量基于2021年底Facebook报告的MAU

图 4.2　按来源划分的创作者收入估计（2021）（来源：a16z 报告）

同样在 2021 年，NFT 市场创造了 39 亿美元收入，创作者 22 400 人，平均每人收入 17.4 万美元。这个数据暂且搁下，我们一起看看，在 NFT 或区块链之前，创作者经济到底遇到了什么麻烦。

1. 注意力经济原罪

Web 2.0 的经济模式用一个词语就可以概括：流量。流量为王，流量的产生、分配经历了新浪网门户网站的人工处理阶段、人人网的社交分配阶段到抖音的大数据算法阶段，始终不变的是，它们都在处理信息，而没有涉及价值表达——支付。所有流量模式最终都需要用广告来变现，即便是出现了直播带货、付费会员等新模式，也依然没有摆脱旧的思路。因为在区块链出现之前，互联网仅仅是为整合信息而存在的，信息以直播、视频、图片、文字等形式存在，通过各种服务商到达用户。

内容、流量、广告，这条脉络构成了过去 30 年互联网经济的底层逻辑，免费是这个模式的核心，但免费指的是用户不需要付费就可以看到（普通）内容，他们要付出的是注意力——时间。将这个模型再简化一下，就变成了互联网服务商打包用户的时间，换取广告主的现金。创作者在哪里？聪明的服务商把创作者包装成了收割用户时间的"网红""意见领袖""大 V"，把一小部分平台收入分给他们。他们还非常善于用流量来包装创作者经济神话，吸引更多的人成为创作者。比如，淘宝曾将首页最大流量转移给两大主播，一个人一天的直播销售额超过一半上市公司的神话就这样出现了，其他平台类似抖音、快手、小红书、哔哩哔哩也是一样的逻辑。

注意力经济模式在一定程度上造成创作者经济的畸形，那就是必须拥有足够大的流量、吸引足够多的粉丝，才能吸引更多的广告主。所以我们发现，泛知识、泛生活、泛娱乐类内容几乎占据了 90% 的市场空间，而深度内容、精品内容则往往因为"流量少"而无法生存，由此，"劣币驱逐良币"的现象开始显现。

2. 所有权丢失

比起收益微薄，所有权丢失才是现有创作者经济面临的最大问题。我们无法想象，自己创作的视频轻易被删除、屏蔽甚至是账户被冻结，我们也无法想象作为创作者并不拥有辛苦写了一年的文字作品的版权。无法确权何谈价值？以平台为中心、以广告为动机的 Web 2.0 经济模型注定创作者只能做依附者而非主宰者。

在 Web 2.0时代,创作者通常会将他们的内容发布在第三方平台,如社交媒体、视频分享网站和博客平台。这些平台在内容的分发和展示方面拥有很大的控制权,包括如何显示内容、哪些广告出现在内容旁边以及如何面向不同用户画像分发内容。这种控制让创作者对自己的作品失去了一定程度的决策权,制作内容变成了猜测平台算法、喜好,做什么内容完全取决于平台。

平台内容的分享和再分发变得非常容易,导致了广泛的侵权问题,创作者的作品可能会被未经授权地拷贝、下载,再上传到其他平台或被修改,而创作者难以追踪和控制这些行为。在接连丢掉版权、控制权和使用权之后,创作者经济只剩下美丽的外衣,在这个行业能赚到钱的内容越来越快餐化,真正能够持续产生价值的作品越来越少。

这些问题表明,在 Web 2.0 时代,创作者需要评估在第三方平台上的曝光和控制权之间的权重,他们可能需要采取额外的措施来保护自己的知识产权、建立品牌和维护自己的内容。此外,创作者还需要积极关注和适应平台政策的变化,以确保他们的作品在数字时代得以推广和保护。

现在,区块链和 NFT 来了,它们带来了一套新思路。NFT 的兴起标志着数字艺术创作领域的一次彻底变革。创作者早已疲于应对传统市场的种种挑战,如盗版、侵权、佣金分配等问题。NFT 的出现为这些问题提供了新的解决方案,将创作者带入一个充满机会和创新的新时代。

4.1.3　NFT 给创作者带来了什么?

凯文·凯利在《巨人的工具》一书中提到,创作者不需要几百万粉丝,他们只需要 1000 个愿意付费的忠实粉丝就可以获得足够好的收入。充满热情的忠实粉丝愿意为创作者的作品支付更多费用,前提是他们可以直达创作者,并与之产生紧密的互动以及获得独特的体验。蓬勃发展的音乐 NFT 市场已经验证了这种趋势。在流媒体平台 Spotify 上每次播放音乐大约可以获得 0.004 美元的收入,这个冰冷的数据无视创作者的影响力、粉丝的热情,统一按照播放量计价。相比之下,在 NFT 驱动的音乐平台 Catalog 或 Sound 上,超级粉丝以每张数千美元的价格购买 NFT 音乐,创作者则可以获得以前需要数千万次播放才能得到的收入。购买 NFT 类似于收集现实世界的商品,让粉丝感觉与艺术家更亲近并拥有一些稀有的东西。

NFT 通过使创意经济去中心化来重塑生态系统，这让许多默默无闻的创作者也能够轻松创建、展示和出售他们的创作。NFT 为创作者提供了进入主流领域的途径，创造了可行的收入来源，并将收入模式扩展到画廊、拍卖和佣金之外。由于所有权是可验证的，创作者可以减少对画廊或唱片公司等中介机构的依赖，直接向观众销售作品从而保留更多利润。例如，在音乐领域，格莱姆斯（Grimes，加拿大女歌手）以超过 600 万美元的价格出售了一系列 NFT，在获得更大收益的同时，她还能够保留对原始作品的控制权和所有权。音乐家 3LAU 以 NFT 的形式发行了一张专辑，为买家提供独家访问、VIP 体验、纪念品等其他福利，新模式让 3LAU 可以直接向粉丝提供音乐作品并创造更加活跃的粉丝社群。

NFT 可以在初始销售之后为创作者创造新的、源源不断的收入来源。如果作品在市场上作为 NFT 出售，创作者可以从 NFT 的初始销售和二级市场上的任何后续销售中利用版税或分享平台利润获得收入。NFT 领域的收入在 2023 年达到 16.01 亿美元，年增长率（2023 ~ 2027 年复合年增长率）为 18.55%，由此预计到 2027 年将达到 31.62 亿美元。

创作者对 NFT 技术感到兴奋还因为它可以使创作者重新获得对自己内容的控制权，并重新引入有助于货币化的稀缺模式。在把作品转换为 NFT 时，创作者创建了一个可验证的所有权和出处的区块链记录，最终把自己的作品变成一种可以追溯到原作者的、独特的数字资产。具体而言，我们可以从以下几个方面来综合理解 NFT 为创作者带来的全新体验。

1. 数字作品的不可替代性

还记得比特币白皮书要解决什么问题吗？对，就是数字货币的"双花"问题。在比特币之后所有开发的区块链服务上，资产确权成为唯一的共同目标，只有完成这一步，数字世界的作品才有被交换、交易和收藏的价值依据。NFT 的核心特征之一是不可替代性，就像一幅独一无二的绘画或一块独特的宝石，这意味着每个 NFT 都是唯一的并且无法与其他 NFT 互换。这种不可替代性是通过区块链技术保障的，智能合约使数字作品的每一个副本都能追溯到创作者并确保其真实性。对创作者来说，这种不可替代性为他们的数字作品赋予了实际价值。以前，数字作品往往容易被复制和传播，降低了稀缺性和市场价值，NFT 的出现意味着创作者可以在数字领域创作唯一的、不可复制的作品，为作品注入新的生命和价值。

2. 重新定义艺术品的价值

传统艺术市场通常依赖名誉、拍卖行和机构来确定艺术品的价值，但NFT市场则基于数字资产的稀缺性和市场需求来评估价值，这使得创作者的作品可以直接与市场互动，不再受传统市场的制约。NFT的不可替代性重新定义了艺术品的价值，使其不再受制于传统市场的评判标准，这意味着创作者的作品可以在NFT市场中获得独立的价值认可，而不必通过传统机构和名人背书来获得认可。

3. 打破中介与授权

传统艺术市场涉及众多中介，如画廊、拍卖行和代理人，它们在艺术品的交易中起到重要作用，但也导致了高昂的费用和利润分配问题。NFT技术通过智能合约，使创作者能够在交易中明确规定条件而无须依赖中间人或中介机构。这种去中介化的方式为创作者带来了更大的控制权，他们可以决定作品的使用权和分配方式，不必强制遵循传统市场的规则。这种自主权的提升为创作者创造了更多机会，不仅可以维护自己的权益，还可以更直接地与粉丝和买家互动。

4. 新的收入来源

NFT为创作者提供了新的收入来源。传统模式下创作者可能依赖出售实体艺术品或授权版权以赚取收入。NFT允许创作者将数字作品转化为数字资产，从而获得与之相关的价值，无论是初始销售还是二次市场都为创作者提供了新的收入模式。NFT的市场价值不断增长，一些创作者已经在NFT市场获得了显著的回报，不仅为他们提供了财务上的支持，还鼓励更多的创作者探索NFT领域。

5. 艺术品唯一性的再定义

NFT重新定义了艺术品的唯一性。传统艺术品通常是由手工制作，每一件都是独一无二的。然而，数字艺术品通常可以轻松地被复制，这挑战了其唯一性和稀缺性。NFT通过将数字艺术品与不可替代代币绑定，为数字艺术品赋予真正的唯一性。这种唯一性的再定义不仅影响了数字艺术，还波及了文化和媒体领域。它促使人们重新思考数字资产的价值，鼓励更多的创作者将作品转化为NFT，从而推动数字创作的创新和发展。

NFT正在彻底改变行业的运行方式，去中心化、资产通证化、社区驱动、开放互通这些新的模式都在逐步落实，并且已经有非常多成功的案例。另外一方面，尽管 NFT 为创作者和创作者经济提供了各种创新，但也伴随着一些消极声音。NFT 通常需要大量的计算能力和电力，这可能导致高碳排放，关于 NFT 可持续性和环境责任的争议逐渐升温。另外，市场价格波动增加了投资者的风险，因为 NFT 市场可能会经历急剧的价格波动，对于不成熟的收藏者或毫无经验的新手可能会造成巨大的损失。另外，由于缺乏适当的法规，NFT 市场容易受到欺诈和不当行为的影响，这也引发了一些关于安全和隐私问题的探讨。因此，确保 NFT 市场的合规性和透明性是当前的重要挑战之一。

总的来说，尽管 NFT 为创作者和投资者带来了新的机会，但它也伴随着一些挑战和问题，需要行业和监管机构共同努力来解决。这将有助于确保 NFT 市场的可持续性和公平性，同时最大程度地释放其创新潜力。

4.2　创作者的 NFT 实践课

在一番理论研究之后，创作者经济的核心就是要创作、要落实、要结果，本节我们从案例分析入手，通过实践案例探索作家、艺术家、导演、游戏玩家又或者是普通人如何利用 NFT 破解创作者经济困境，开拓新的模式。

4.2.1　颠覆写作与出版的三件法宝

在互联网出现之前，写作是极少数人的特权，不仅是因为能识文写字的人少，写作平台和最终的出版也是一个极高的门槛。这种情况在互联网、移动互联网到来之后才得到极大改善。Web 2.0 让互联网变得可读、可写，尤其是可写，似乎每个人都可以轻松实现作家梦，各种社交媒体、出版平台如雨后春笋般出现。写作变成一件极其"简单"的事情，每个人都可以"自由"表达，网络作家这个新的职业诞生了。

渠道和平台的繁荣看似给足了空间和自由，但结合上一节我们分析的创作者经济遇到的困境，写作和出版也一样面临根本性的危机。所有权归属、收益分配等中心化出版的核心问题并没有得到解决。不仅如此，以注意力经济为核心建立的互联网商业模式迫使写作者以流量为导向、以迎合机器大数据算法为方法论，"劣币驱逐良币"的现象比比皆是。

Web3 创新了写作模式，以 NFT 为核心的技术让写作和出版在人类历史上第一次完成"私有化"，创作者经济借助 NFT 迈向一个新的时代。我们一起了解 3个在出版领域有着举足轻重地位的新产品，看看这些产品如何帮助创作者解决危机，找到新的思路。

1. Mirror. xyz

Mirror.xyz 是一个基于区块链技术的内容创作平台，被普遍认为是去中心化版本的 Medium（以英语为主的互联网写作平台），但它不仅仅是一个去中心化的内容创作工具，更像是一个社区协同创作平台。前 a16z 合伙人 Denis Nazarov 发起创立了 Mirror.xyz 平台，官网曾经的口号是"Create and connect your world on Web3"，即用 Web3 重新连接创作者和创作者社区。在加密世界中，创作者一直在思考如何叩开传统世界的大门，但是，这类思考多停留在资产、金融层面，关于思想传播、内容创作的讨论和实践并不多见，Mirror.xyz 就承载了这样的使命。在 2023 年最新的版本里，Mirror.xyz 的口号改成了"The home for Web3 publishing"，这标志着 Mirror.xyz 回归初心，以写作、出版为核心产品，帮助创作者更好地利用 Web3 管理创作事务。

Mirror.xyz 的成立背景在于一直以来创作者无法通过写作实现知识变现，更别说赚钱赢利，以写作为主业维持生计了。这是一个两难问题，平台缺乏好的内容，好的内容又无法获得等价回报。幸运的是，随着比特币、NFT 等加密经济基础设施逐步完善、所有权经济蓬勃兴起，我们有望从根本上解决这一问题。Mirror.xyz 的远大雄心是以 NFT 所有权经济为核心改变之前的内容创作、消费和赢利模式，重新定义在线内容出版。

Mirror.xyz 在早期版本里提供了多种创作工具，包括发布文章（Entries）、众筹（Crowdfunds）、NFT（Editions）、拍卖（Auctions）、合作贡献分润（Splits）、社区投票（Token Race）等。这些功能组成了一个多元化的内容创作、出版平台，覆盖支付、众筹、版税、粉丝管理等多种场景，既可以打通创作者和粉丝之间的连接，还能寻找适合创作者的经济模式或收入来源。Mirror.xyz 采用 Arweave 区块链实现内容的永久保存，无须担心内容因为硬件故障丢失或者被删除，所有内容都会安全地存放在 Arweave 区块链上。此外，Mirror.xyz 还开发了迁移功能，可以将 Medium 或 Substack 等平台中的内容完整迁移至 Mirror.xyz 中。我们拆开来看，Mirror.xyz 从以下 3 个方向变革传统的出版方式。

资产确权

创作者可以将文章铸造成 NFT 完成资产的确权。创作者在平台上创建并发布文章时，系统会自动生成相应的 NFT。这个过程通过智能合约来实现，可以确保每篇文章都有唯一的数字指纹。每篇文章对应的 NFT 是独一无二的，它记录了特定文章的信息，包括标题、内容、作者等，确保了文章的唯一性和稀缺性，使其成为可以被收藏的数字收藏品。每个 NFT 都充当了数字作品的所有权证明，持有该 NFT 的人被认为是该数字作品的合法所有者。区块链上的智能合约确保这一所有权关系成立，无须依赖中介机构。由于每个 NFT 都是独特的，创作者可以选择将 NFT 转让给其他用户，实现数字作品的交易，这种转让是透明和可追溯的，所有交易都被区块链上的智能合约记录。通过这些步骤，平台有效地利用 NFT 技术确保了文章的数字所有权和唯一性，不仅为创作者提供了更大的控制权，还为数字作品的价值和稀缺性奠定了基础，创造了一个更公平、透明的创作者经济生态系统。

数据存储

Mirror.xyz 选择 Arweave 作为去中心化存储解决方案。Arweave 是一种永久的、不可变的区块链存储系统，通过将数据存储在区块链上，确保内容永久保存且无法篡改。Mirror.xyz 将文章内容上传到 Arweave 区块链，使其成为不可更改的永久记录，这意味着一旦文章被发布，它将永久保存在区块链上，无法被修改、删除。这主要得益于 Arweave 采用去中心化的结构设计，文章存储在全球分布的节点上，不受任何中心化控制，从而保护内容的隐私性和安全性，由于内容分布在多个节点，并且区块链是不可篡改的，即使有人试图查看特定的文章，也无法单方面删除或修改它，确保了文章的独立性。为了提供更大的灵活性，Mirror.xyz 还开发了内容迁移功能，用户可以将其在其他平台（如 Medium 或 Substack）上发布的文章完整迁移到 Mirror.xyz，并在 Arweave 上永久保存。不过鉴于高昂的去中心化存储成本，目前 Mirror.xyz 采用的方案是将文字部分存储到 Arweave 上，媒体文件仍然是中心化存储。

▌创作者套件

这是一整套帮助创作者写作、筹集资金、销售、版税管理、社区经营的功能。众筹（Crowdfunds）是一个可以在文章里插入的模块，可以为文章本身、NFT 版本以及项目筹集资金。创作者可以向参与者发放 NFT 或其他通证来作为出资证明以换取 ETH，建立项目资金库。拍卖（Auctions）可以辅助创作者把文字变成NFT，也就是独一无二的 NFT 数字资产，并向粉丝发起荷兰拍，比较适用于艺术家或有特殊才能的创作者。分成（Splits）的目的是用智能合约的方式约定创作者与活跃粉丝的收入分成模式，可以按贡献度、参与度等维度共享创作收入。写作NFT（Writing NFT）不同于拍卖，这个功能可以把文章做成多份 NFT 供读者通过收藏（Collect）来购买、铸造，同样可以用于平台内优秀内容的发掘。

经过 3 年多的发展，Mirror.xyz 对功能进行了修改和整合，把一些功能做成开放性平台，让更多开发者可以参与进来，自己则保留一些核心功能。目前我们仍然可以选择将文章发行成 NFT 或者普通文章，最新的版本增加了一个新的功能，在文章内插入 NFT，完成策展、销售的目的，具体实践过程如下。

登录 Mirror.xyz 平台，点击右上角的 "Connect" 连接钱包，在弹出来的窗口选择 "Metamask"，之后需要一次签名授权就完成了登录。登录后的界面非常简单，如果要发布文章，只需要点击右上角的 "+ Create" 就可以进入发布新作品的流程。

点击右上角的 "+ Create" 选择 "Entry"，进入创作界面（图 4.3）。编辑器的

图 4.3　创作界面（来源：Mirror.xyz）

界面非常简单，顶部可以上传图片或者直接拖拽图片作为封面，大的空白处可以输入正文。在页面下方有一个浮动的工具栏被称为"Blocks"，也就是模块，可以插入视频、图片、NFT，也可以插入常规的文本格式，还可以插入互动功能，比如订阅、铸造 NFT。

我们在下面的模块里选择"Mint Entry"（图 4.4），自动在文章中插入一个按钮，通过这个按钮读者可以免费铸造这篇文章的 NFT。

如图 4.5 所示，点击右上角的"Publish"就可以设置这篇文章的 NFT，包

图 4.4　选择"Mint Entry"（来源：Mirror.xyz）

图 4.5　设置文章的 NFT（来源：Mirror.xyz）

括 NFT 的类型、发行网络、价格、默认封面样式等。我们选择将这个 NFT 在 Optimism 区块链上以 0 ETH 价格发行 Open Edition，也就是无限个数，一切都设置好点击"Sign and Publish"。

至此，我们完成了发布文章并将文章铸造成 NFT，发行在 Optimism 区块链上，文字在 Arweave 上去中心化存储，这篇文章将永远存在，没有其他人或组织可以删除或修改。

发行成功之后会自动转入文章页面，读者在这个页面下方点击"Mint"或者直接在文章里进行铸造。页面右下方可以看到作者的钱包地址、NFT 地址、存储在区块链上的短地址（图 4.6），我们可以在 Arweave 或 OpenSea 上直接查看 NFT，效果如图 4.7、图 4.8 所示。

如果是付费的 NFT 文章，内容会被保护起来，读者收藏铸造之后可以在自己的钱包内查看具体内容，这个过程需要验证钱包的所有权签名。

这只是 Mirror 强大功能的一部分，建议以写作、出版为主的创作者深入了解这个平台，理解并熟练掌握以 NFT 为内核的新创作者经济模式。

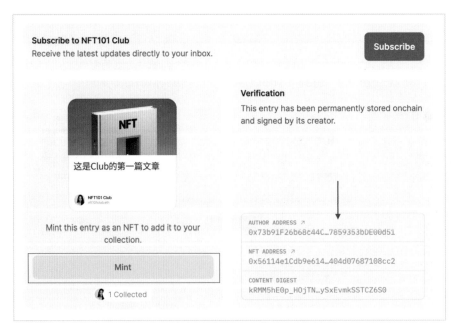

图 4.6　铸造 NFT（来源：Mirror.xyz）

{"content":{"body":"你好，我的朋友! \n\n感谢你对《NFT极简入门》一书的支持! \n\n这篇文章会被铸造成NFT永久存在区块链上，你可以点击下方的"Mint Entry"可以免费收藏。\n\n<collect://>\n\n","timestamp":"1699531077","title":"这是Club的第一篇文章","digest":"J1DeH6QRwCVraWoKPA_dXFJsJ6w_c0GMniNctdUF8VU","authorship":{"contributor":"0x73b91F26b68c44C095f58f4C87859353bDE00d51","signingKey":"{\"crv\":\"P-256\",\"ext\":true,\"key_ops\":[\"verify\"],\"kty\":\"EC\",\"x\":\"kHR53jy0LTONm3rKCn0M19c6Eo1I0K8z09ra1qPYRsI\",\"y\":\"hMYC9szelvvNG7tDsgTbXXo-utgXTOWdTCW3y9Yb12A\"}","signature":"0xdef6fccde0e2043c92bdf100544fd9d11f373909fa5d685ca943a359a7db0736c44059bddbd9da9cae493cc136528877f53d931e1acb12874e50758bdb3fa250621b","signingKeySignature":"d2P__I81uTt0PBEX07RuBa4niTxLB0EA4th0PkrNWtW-0ba0iu6yXpagG7i6LqlU6k1-76DS_qiiYcI4y_iIrA","signingKeyMessage":"I authorize publishing on mirror.xyz from this device using:\n{\"crv\":\"P-256\",\"ext\":true,\"key_ops\":[\"verify\"],\"kty\":\"EC\",\"x\":\"kHR53jy0LTONm3rKCn0M19c6Eo1I0K8z09ra1qPYRsI\",\"y\":\"hMYC9szelvvNG7tDsgTbXXo-utgXTOWdTCW3y9Yb12A\"}","algorithm":{"name":"ECDSA","hash":"SHA-256"}},"version":"04-25-2022"},"wnft":{"chainId":10,"description":"你好，我的朋友! 这是Club的第一篇文章","nonce":1003105,"owner":"0x73b91F26b68c44C095f58f4C87859353bDE00d51","fundingRecipient":"0x73b91F26b68c44C095f58f4C87859353bDE00d51","imageURI":"QmTx5rwtn5nuiGUEBnqf4zyHqWxwQt5Uo8Aa21bUaFkBU2","mediaAssetId":721207,"name":"这是Club的第一篇文章","nonce":1003105,"owner":"0x73b91F26b68c44C095f58f4C87859353bDE00d51","price":0,"proxyAddress":"0x56114e1cdb9e614244986a512404d07687108cc2","renderer":"0xfd7c7F0010ACDD4F2Ee2Ea5111767B98d42D0a07","supply":0,"symbol":"CLUB","hasCustomWnftMedia":false}}

图 4.7　查看 NFT（来源：Arweave）

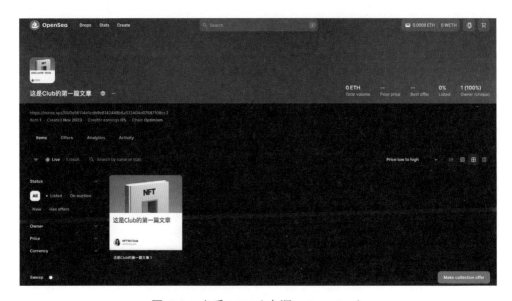

图 4.8　查看 NFT（来源：OpenSea）

接下来，请你使用 Mirror 创作一篇文章并铸造成 NFT。

2. Metale

Mirror.xyz 更多还是面向写作，而 Metale 则更专注于出版。Metale 旨在利用 NFT 技术开创全球内容资产分发新模式。传统出版模式通常只提供一次作品成功的机会。如果它不能立即吸引读者注意力，那么可能会被资本抛弃，导致杰出的创作和有才华的创作者无法得到认可。口碑仍然是分享文学珍品最有力的手段，在 Metale，每个 NFT 所有者都成为一本书的最终推广者，拥有版权治理权和获得与作品相关的潜在未来收益的权利。

我们先来梳理下传统出版行业存在的一些问题（表 4.1）。

由此，我们可以看出在传统出版发行领域，受制于商业模式，出版机构拿走大部分的销售利润，同时贡献有限的分发、宣传能力。一个作家，在版权被拿走、利润分配不到 20% 的情况下是非常难靠写作维持生计的，尤其是新手作家。另外，

表 4.1　传统出版行业的问题

	版权期限	内容分发	利润分配（平台）	其 他
传统出版社	5 ~ 10 年	仅一次宣发，若失利后续只能靠作者	85% ~ 90%	不透明、高门槛、有限的分发能力
亚马逊 Kindle	不拿版权	无宣发	65%	不透明、高门槛、有限的分发能力
在线网文平台	拿走永久版权	小规模测试根据 ROI 决定后续	50%	不透明、高门槛、利润导向的分发

不同地区有不同的出版政策限制，在版权引进、全球化发行方面也存在很大问题，过程一般会非常漫长，出版效率低下。

Metale 正是目睹了创作者经济中出版环节的诸多问题，开发出一整套完整的 Web3 出版解决方案，为新时代的出版提供了一个新思路。具体来说，Metale 把书籍或其他文字作品铸造成 NFT，以 NFT 为核心重构出版流程。

内容确权与定价

内容的分发机制决定了最终的版权模式。传统的出版模式是单点递进式，即作者将全部（或大部分）版权给出版机构，换取 20% 以内的版权费。出版社通过销售网络，如书店、电商、代理商进行分销最终到达读者。其中一些出版社也在积极布局新媒体，通过一些新媒体帮助宣传，但整体力量薄弱。

创作者在 Metale 上出版，可以为作品新建一个去中心化自治组织（DAO），然后把版权赋予这个组织。通过出让 1/5000 版权的治理权就可以吸引一个小出版人帮助书籍进行推广、发行，这个出版人可以是交易者、翻译者、意见领袖也可以是普通读者。这种方式可以快速获取成百上千个"发行渠道"，把传统的单点递进模式升级为多节点分发模式（图 4.9）。

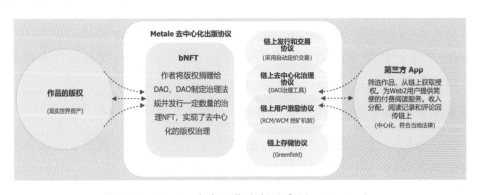

图 4.9　Metale 去中心化出版（来源：Metale）

作者可以自由上传作品并铸造 NFT，铸造完成就自动完成了"发行集团"的创建。读者购买、租赁 NFT，可以阅读作品，更进一步，可以用发行人的身份进行书籍的推广、翻译等治理工作，所有这些行为不仅可以得到系统级别的通证奖励，还会得到最终书籍销售的利润分成。这种交易是去中心化的自动交易，没有任何中介干预，作品的好坏、读者是否认可将成为创作者经济里最重要的指标。

GPT 与全球发行

多语言版本在传统出版领域是非常困难的，涉及版权的采购、引进，还需要寻找专业的翻译人员，完成这一系列流程短则半年、长则需要数年时间。Metale 通过 GPT 加上 DAO 成员二次校验可以在短时间内将一本书翻译成多语言版本。

每个新作品创建 NFT 时会自动创建一个 DAO 来共同治理，来自世界各地的 DAO 成员可以提出申请制作本地化语言的版本发行，并能从该版本发行里获得通证奖励。Metale 会利用 GPT 先行将作品进行第一遍人工智能翻译，承接翻译的成员会进行第二遍翻译校正并与作者沟通细节直至完成作品。在 Matale 上，一本中文出版的书籍可以在一周内全球发行日语、英语、韩语、越南语、西班牙语等十几种语言版本。

创作者模块

Matale 不仅为出版创造了新思路，在写作方面也提供了创作者套件。一本书在写作中就可以用 NFT 形式上架，并且开启付费阅读模式，真正实现了"边写边收费"，读者可以根据更新质量决定是否继续付费，同时可以引入更多分享与关注。由于书籍是以 NFT 形式存在的，所以在 Matale 内置市场可以自由交易，"二手书"的概念也同样存在，不同之处在于根据 NFT 铸造的编号，书籍具有不同的稀缺度及特殊版本，价格也会不一样。更为重要的是，创作者的主要收入来自于真实交易，阅读人数越多、交易次数越多，创作者的收入越高。

Matale 自 2022 年 12 月上线以来，已经有 2000 多位创作者创作了 2000 多部作品，平台生成 NFT 超过 5000 个，约 15 万全球用户使用了产品，累计交易额超过 250 万美元。

3. The Circle

付费阅读、付费社区在创作者经济中占有很大比重，在 Web 2.0 也出现了类似知识星球、芥末圈、小鹅通等产品，创作者通过设置付费门槛筛选愿意直接付费的粉丝，直接完成知识交易。这类产品通常需要收取至少 30% 的收入分成，同时设置苛刻的提现机制，另外对内容的管控十分严苛，删帖、封号成为创作者每天要担心的事情。除了收入受限、内容受限，创作者还必须面对侵权的困扰，内容很容易被搬运、复制，收费形同虚设。Oasis Circle（图 4.10）是一款全新的 Web3 知识社群平台，以 NFT 为驱动，为创作者提供去中心化的知识付费体验。

图 4.10　Oasis Circle（来源：Metale 官网）

社区 Pass 卡

The Circle 为每个创作者社区提供 NFT-Gated 机制，社区可以设置不同价格的 NFT 作为进入社区的"门卡"，用户只有购买并验证 NFT 所属权之后才可以进入。NFT 不仅存在于 The Circle，任何一个公开的 NFT 交易市场都可以购买，这为创作者提供了更广泛的会员基础。

社区 Pass 卡是一个功能性的 NFT，它将会员信息、入圈信息绑定存放在区块链上，通过智能合约控制时效性、所属权。Web 2.0 的支付流程被简化成持有 NFT，NFT 变成一张功能广泛的"会员卡"。这个 NFT 不仅具有验证属性，同时也是会员身份的象征，创作者可以与不同身份的会员进行互动，比如给编号前 100 位的会员空投奖励。

去中心化访问控制

The Circle 的核心特性是提供去中心化的访问控制。创作者可以使用该协议创建付费内容社区，并通过智能合约控制 NFT 设置一定的访问条件。这些条件可能包括一次性付费、订阅费用或其他定制条件，所有解锁条件和令牌交易都由智能合约进行管理，确保交易的透明性和安全性。智能合约定义了访问权限和付款条件并自动执行，使得整个过程更加自动化和可靠。在这样的架构下，The Circle 不存在中央控制机构，创作者需要自行与社区一起为内容负责，平台不参与任何治理工作。

The Circle 同时是一个开源协议，这意味着任何人都可以查看和使用其代码。这种开放性有助于社区参与，推动协议的发展和改进。开源协议允许开发者将协议集成到自己的应用程序中，以创建独特的付费社区体验。同时，它还提供了一系列工具和文档，帮助开发者更容易地理解和使用该协议。

▌原生支付

Web 2.0 中心化平台提供的知识付费社区费用分成普遍在 30% ~ 50%，同时设置了比较复杂的提现机制，比如 7 个工作日审核、单次不超过 1 万元人民币等。高昂的费用、冗杂的流程主要受制于中心化运营的高昂成本，太多的中介环节让创作者最终获得的收益非常少。The Circle 在支付端启用 Web3 原生支付手段，所有收入直接进入创作者账户，无须许可、无须审核，平台仅抽取约 5% 的费用进入社区国库，作为项目持续开发、运营的费用。

The Circle 的出现为知识付费开辟了一种新模式，把创作的所有权交回到创作者手中，利用 Web3 原生支付和 NFT 帮助作品完全确权，让读者与创作者之间产生深度连接，不再受制于中介机构。

4.2.2　一部纪录片的奇妙诞生

2021 年 7 月，首部使用 NFT 筹款的纪录片 "Ethereum: The Infinite Garden"（图 4.11）超额完成筹款。这是一部关于以太坊的纪录片，该片由 Zach Ingrasci 和 Chris Temple 执导，Carrie Weprin 和 Jenna Kelly 担任制片人，他们曾为 Netflix、HBO、Hulu，以及 *National Geographic* 杂志拍摄过专题片。影片拍摄得到了以太坊创始人 Vitalik Buterin 和以太坊基金会执行董事 Aya Miyaguchi 的独家授权。电影将以太坊视为一个"无限花园"，将区块链视为一个"具有土壤、植物和昆虫的分散生态系统"，而不再是一个"由中央大脑控制的机器"。

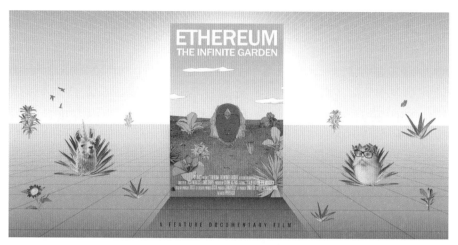

图 4.11　"Ethereum：The Infinite Garden"（来源：ethereum.foundation）

电影制作公司 Optimist 选择在 Mirror.xyz 上通过 NFT 为纪录片募资，如果募资成功，这将成为历史上第一部用 NFT 募集资金的纪录片，同时也是第一部以太坊纪录片。影片的运营模式一改传统电影的募资、制作、发行流程，通过区块链，Optimist 探索了 NFT 筹款、DAO 治理和运营的新模式。

影片计划筹资 750 个 ETH，但是加密世界的狂热激情让这个目标仅用 50 多个小时就超额完成。最终影片从 600 多名支持者那里获得了 1036 个 ETH，约合 190 万美元。资金在转换成稳定币之后注入社区国库，所有支出都在区块链上透明记录，接受出资人监督。支持者可以获得由著名 NFT 艺术家 pplpleasr 制作的 NFT 作为凭证，她曾为《蝙蝠侠大战超人》《神奇女侠》和《星际迷航：超越》等电影创作数字效果。所有捐赠者都会获得一个被称为 "Bloom" 的 NFT，而前 20 名捐赠者将会得到更加稀有的电影海报动画版本 NFT，所有人的名单都会出现在电影片尾的特别感谢字幕中。

这部纪录片的成功募资让视频、影视类创作者看到了新的希望，尤其是那些名不见经传的新导演，以及一些非营利性的选题作品。除资金之外，这还是一次完全由社区驱动的 NFT 实验，结合现有的影视运营模式，至少可以在以下几个方向给予新启发。

1. 影视募资

利用区块链和 NFT 技术，影视项目可以通过去中心化融资平台进行募资。

发行 NFT 代表电影的特殊权益，例如，独家观影权、纪念品或限量版内容。这为影片提供了一种新的融资途径，吸引社区投资者参与。

创作者可以将与电影相关的 NFT 进行拍卖，包括电影剧照、幕后花絮等，收入可以用于项目制作和推广，同时增加了支持者的参与感。

2. 影视发行

区块链和 NFT 技术消除了传统发行中的地域限制。电影可以通过 NFT 在全球范围内发行，观众可以使用数字货币轻松购买观影权，创造更广泛的受众。利用区块链，影片制片方可以实现去中心化的票务系统，防止票务作弊，确保售票公正，并为电影院提供更直接的收益分配，发行 NFT 作为电影票，也使得票务信息更加透明和安全。影迷购买 NFT 电影票后，其信息被记录在区块链上，避免了传统电影票存在的伪造和转售问题。

3. 影视管理

区块链和 NFT 可以确保电影内容的版权得到充分保护。每部电影都可以有唯一的 NFT，记录所有权、分红和授权等信息，防止盗版和侵权。利用智能合约，艺术家和创作者可以立即获得电影成功后的分红，NFT 可以用于记录智能合约中的权益，确保每位创作者都能够公平分享电影的成功。区块链技术提供了透明的账本，可追溯每一笔交易，这使得电影的收入分配更加公开透明，消除了传统电影行业中的不透明性。

利用区块链的去中心化治理机制，社区可以更直接地参与电影制作的决策，例如，投票选角、修改剧本等，增加观众和粉丝的参与感。发行互动性 NFT，观众可以通过持有 NFT 参与电影的制作决策，例如，选择剧情发展、选择结局等，增强了观众与电影之间的互动性。

总体而言，区块链和 NFT 技术为影视行业带来了更加开放、透明的创新机会，产生了电影制作、发行和管理的新模式。这种变革不仅能为影片提供新的融资途径，还能促进影视产业更加公平和可持续发展。

4.2.3 赛博浪漫：你的白日焰火

2022 年 4 月 22 日，中国当代著名艺术家蔡国强发布最新加密艺术作品《你的白日焰火》（图4.12），这是他第三次尝试加密艺术，也是最具特色的一次。蔡国强以独特的材料创作爆炸、燃烧后的艺术形态，享誉海内外。这次新的探索他使用交互式NFT，并与社区互动，让加密世界为之一振。

图4.13 《你的白日焰火》（来源：OpenSea）

这个项目的发售分为三个阶段，首先是"黄金入场券"阶段，然后是"铸造烟花包"阶段，最后是"你的白天烟花"阶段。3月31日，第一阶段"黄金入场券"开始，艺术家设计了一个小测试，考察收藏家对自己艺术人生的了解。如果收藏家能回答问题并确保准确率超过60%，就能得到"黄金入场券"。获得"黄金入场券"后，参与者需要在开通的12小时内进行铸造。结果，近5000份"黄金入场券"NFT迅速被铸造成功。这张入场券的作用是让收藏家在第二阶段"铸造烟花包"发售时有机会进入预售通道，享受优先购买权。4月20日，"铸造烟花包"公开发售正式开始，总量7000份，单个售价0.18ETH，在短短的62秒内就全部售罄。

与"黄金入场券"不同，"铸造烟花包"NFT是可转移的，发售时间结束后，收藏家依然可以在二级市场OpenSea上购买NFT。发售之后，"铸造烟花包"NFT最高以超过0.4ETH的价格成交。4月22日晚10点，项目的第三阶段正式开启。

购买了"铸造烟花包"NFT 的收藏家可以选择在接下来的 45 天内燃放自己的白日烟花。

在这个特别的宇宙里，有一种独立于地球时间的"蔡日历"，每"天"都会推出一款特别的烟花，总计 90 种。项目网站每天公布"当日的天气条件，以及所在国家及相应的安全距离等法规"。这些国家都是蔡国强曾经创作爆破艺术的地方，对他有着特殊的意义。收藏家追随蔡国强的脚步，考虑当地条件及白日烟花燃放效果的影响，根据这些条件决定燃放自己白日烟花的日期。其中，有 9 种烟花的形态尤其特别，每一种都对应着蔡国强过往的 9 个重要项目，使得整个燃放过程更加富有深意，让收藏家更深入地参与到项目的情感与故事之中。

这是一次特殊的艺术创新。NFT 作品《你的白日焰火》中有 9 款独特的烟花形态成为最稀缺的收藏品，另外一层意义上，项目的玩法提醒收藏家在选择燃放日期时需谨慎，建议选择对自己更有意义的日子，如生日或纪念日，这样的规则使得无论烟花的形态如何，对收藏家而言都具有独特而珍贵的意义。蔡国强的作品在 Web3 世界中的独特表现形式在传统媒介中可能难以展现，因为爆炸在现实生活中只发生在一瞬间，而在 Web3 世界中 NFT 作为数字空间中永存且唯一的媒介，能够完美契合烟花"转瞬即逝"和即时性的特点。

艺术类创作者可以参考这个案例，从 NFT 可交互的特性出发重新构思自己的作品，绘画、动画、书法、摄影都可以在其中找到灵感。在利用 NFT 创造稀缺性、完成作品确权之外，互动性也成为艺术创作的一部分。在这个领域，村上隆、Damien Hirst、Pak、方力钧都有优秀的 NFT 作品。

4.2.4　一个乙方设计师的 NFT 逆袭

即便你没有听说过 Jack Butcher 这个名字，也一定会在某些地方看到过这个简单又富有深意的作品（图 4.13）。他是如何利用 NFT 在短短几年内从公司银行账户只有 58 美元的卑微乙方设计师，一跃成为顶级艺术家、亿万富翁？NFT 究竟给设计师带来了哪些巨大的改变？

Jack Butcher 的作品"Checks Element"是由 152 个 NFT 组成的单版画，其中"土""火""水""气"更是作品中的精品。这些灵感来自于自然元素，他使用独特的计算机算法组合生成了这些独特的图像，为了创建这个系列，他的团

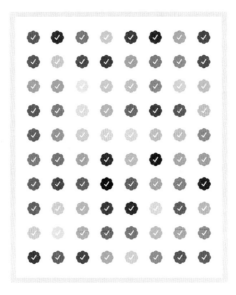

图 4.13　Checks（来源：vv.xyz）

队修改了创建原始 Checks NFT 的算法，添加了一些新参数。Jack Butcher 与版画大师 Jean Robert Milant、Cirrus 合作，将 NFT 输出变为现实，将它们转化为手绘的 30 英寸 × 43 英寸单版画，通过区块链上的 SVG 文件加上老式平版印刷机最终完成作品。这个系列中的每种油漆颜色都是根据 Butcher 和他的团队创建的算法输出逐一添加的，每件实物艺术品都使用 Butcher 的指纹进行身份验证，并与 NFT 的元数据（Metadata）进行配对。

在 "Checks Element" 之前，Jack Butcher 已经尝试推出了几款 NFT，其中，"Checks-VV Edition" 在 OpenSea 上销售收入超过 56 000 个 ETH，约合 1.2 亿美元，"Checks-VV Originals" 累计销售收入超过 24 000 个 ETH，约合 4900 万美元。要知道在 2019 年 5 月，Jack Butcher 在纽约皇后区办过一次艺术展，自己掏腰包参展了 3 幅作品，最终只收到了 60 美元。

Jack Butcher 意识到，作为一个创作者必须在作品之外构建基于内容的服务和产品。如果只有内容则很难将内容变现，如果有了内容之后提供不间断的服务则永远无法停止工作。产品，创作者只有构建基于内容的产品才有机会真正从作品中实现更大的价值。作为设计师，他敏锐捕捉到 NFT 是最容易实现规模化、品牌化的产品。

马斯克收购推特之后，每个加认证的蓝勾用户每月要收取 8 美元的费用，

Jack Butcher 趁机发售了以这个认证标志为主元素的 NFT 系列，发售价格同样是 8 美元。官网的统计数据显示，在 50 天的时间里，"VV Checks"几个版本的 NFT 总共发售了 11 166 个，二级市场总销售额突破 1.7 亿美元。总结他成功的秘诀主要包括以下几个方面。

1. 拥抱新技术，保持开放心态

作为一个传统广告设计的乙方，Jack Butcher 对新技术保持高度开放的心态，并积极学习、使用新技术重构自己的设计作品。传统的平面设计往往局限于服务客户，尤其是品牌客户，这样的作品很容易被局限在特定的思维范式里。但平面设计的视觉传达最终还是要面向普通受众，利用 NFT 可以直接把艺术作品、商业产品、收藏品综合到一个载体上，让设计师、艺术家绕过中介机构直接面向终端消费者。

2. 紧跟当下文化，挖掘大众情绪

"VV Checks"的推出就是一次对大众情绪的精准捕捉。马斯克收购推特之后，蓝色标志从之前的只有名人和组织申请认证，变成了每个人都可以申请认证，只需要支付每月 8 美元的费用。这种行为在大众情绪中逐渐蔓延、传播，成为一种 meme 文化，即所有人都被验证，则没有人被真正验证，反过来也一样。Jack Butcher 正是捕捉到了这个"梗"，借助热点事件迅速以自己擅长的极简视觉表达完成了 NFT 的创意设计。

另外，Jack Butcher 还多次借助网络热门话题进行传播。比如 2023 年土耳其发生地震，他就推出了"Humanity Check"系列（图 4.14），所有募资都捐献给无国界医生组织。这个系列的设计沿用了经典的"Checks"系列，只是在颜色布局上采用了红十字形状。

3. 关注互动，参与传播

相比单纯的艺术家发布作品、收藏者购买作品的模式，Jack Butcher 始终关注并积极与社区互动。而 NFT 则作为一种可交互媒介存在，被他称作"动态的、无限延伸"的画布，如果把 NFT 当作这样一块画布而不是一个小图片，那么创作者可以走得更远。

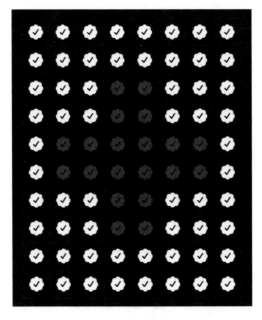

图 4.14　Humanity Check（来源：vv.xyz）

"Checks"系列设计了复杂的燃烧互动机制，通过对颜色、位置的控制刻意制造稀缺性，"Checks"系列本身可以理解为一个基于 NFT 的社交游戏。每个人都可以在里面冲着"利益最大化"找到最合适的互动参与方式，或购买收藏，或燃烧获得新产品。

后续"Opepen"项目则通过"开盒"机制把平面设计的 NFT 变成一个惊喜不断的游戏，参与度空前提升，探索过程本身也是 NFT 属性设置的一部分。通过收藏者的互动参与、投票，可以有效规避传统艺术品发售模式的很多弊端。

NFT 给艺术创作者提供了一个全新的平台，让他们可以更好地展示、销售自己的作品。创作者应该更积极地学习新的技术，了解 NFT，探索 NFT 如何与自己的作品相结合并创造出新的创意、作品。最重要的，要把作品转换成 NFT 并用 NFT 的技术思维来理解稀缺性、透明性、科技交互性能够给作品带来什么，这样就可以从竞争中脱颖而出，找到属于自己的新赛道。

第5章

Web 2.0 品牌入局指南

　　随着NFT成为现象级的创新技术，越来越多的传统品牌注意到这种新模式并开始探索如何借助NFT进行品牌营销活动。从2021年开始，已经有数十个世界500强企业直接或间接参与了NFT营销活动，积累了丰富的实践经验。本章主要介绍传统品牌如何利用NFT进行营销实操，并通过这些品牌案例总结探索新旧模式的差异。

品牌的 NFT 之路

5.1.1 什么是 NFT 驱动的 Web3 营销?

20 世纪 90 年代,互联网首次成为主流媒介,从早期的 Web 1.0 时代用户只能被动消费内容,到近几年更注重互动性和以用户为中心的 Web 2.0 时代,品牌营销模式经历了漫长的发展历程。如今,我们正处于被称为 Web3 的互联网新时代——这是一个由区块链技术推动的去中心化网络。在 Web 1.0 时代,营销的核心是建立知名度和吸引流量,随着 Web 2.0 和社交媒体的兴起,营销变得涉及与客户的互动和关系建立,而现在,Web3 时代正在引领我们进入一个全新的营销时代,其中真实性、信任、透明度和所有权变得至关重要。

NFT 是推动这个新的去中心化网络的关键技术之一,NFT 是独一无二的数字资产,不可复制或替代,非常适合应用于数字艺术、活动票务、体育收藏等领域。各大品牌都在积极尝试 NFT,阿迪达斯与 Bored Ape Yacht Club、PUNKS Comic、gmoney 合作推出 NFT 活动;NBA TopShot 允许用户交易 NBA 比赛的高光时刻 NFT;社交媒体平台 Twitter 也允许用户使用经过验证的 NFT 作为他们的个人资料图片。随着 Web3 的兴起,很明显 NFT 将在数字营销的未来发挥关键作用,处于这一变革最前沿的品牌正在探索如何以全新、真实的方式利用 NFT 技术与客户建立联系。需要强调的是,NFT 本身并非魔法所在,真正的魅力在于如何独特地运用 NFT。在这之前,我们有必要先梳理一下,基于 NFT 的 Web3 营销与 Web 2.0 时代究竟有何不同。

1. Web 2.0 营销 = 效果营销 + 销售

在 Web 2.0 产品的推广中,最常使用效果营销工具。效果营销是指所有广告渠道协同工作,实现营销效果最大化,这种方法的主要原则和目标是营销投资的回报和销售额的增加。效果营销的特点如下:

· 所有渠道的有效性、可衡量性。

· 评估业务指标数据化(CPA、ROI、CAC、LTV)。

·实时影响结果标准化：SEO、SMM、邮件营销、媒体广告同步达到效果。

因此，传统效果营销的重点是付费广告绩效指标，公关和品牌推广成分很少包含在营销和销售流程中，大多数情况下这种策略是不够完整的。

2. Web3 营销的核心技术

区块链、人工智能和物联网等去中心化技术使 Web3 营销有别于 Web 2.0 时代。区块链赋予品牌资产通证化、将信息放在区块链上、创建数字身份以及开展许多项目的能力。人工智能和物联网使品牌能够更接近潜在消费者，Web3 营销不是直接销售商品，而是以适配生活方式的姿态推广品牌。除了前沿技术，Web3 营销的特点还包括非常注重增长营销、公关和社区发展。

区块链为品牌营销带来了去中心化的营销思维，NFT 为资产确权、用户交互给出了实际可交付的产品，去中心化的自治组织、元宇宙直接将品牌营销体验提升了一个级别，品牌共创、社区互动成为品牌营销的新选择。

3. Web3 中的叙事优先原则

我们强调了 Web 2.0 和 Web3 项目营销之间的主要区别，首先让我们重新思考意识形态框架，即公司的使命、价值观和原则。在 Web 2.0 时代，公司经常将意识形态和讲故事放到后台，因为数字广告的转化指标才是可衡量、可量化的。许多产品的推出是为了快速赚钱，而不是创造额外的价值和提升客户体验。但是大公司成功的经验告诉我们，真正成功的品牌总是基于意识形态、价值观和对其差异性的理解。要成就一个杰出的项目，必须创建和开发一个基于价值观体系和个性化独特体验的独特品牌。它应该体现在标志、字体风格、视觉设计、外部沟通策略以及公司的一切言行中。

去中心化和数字经济是 Web3 的本质，它们能够为网络上创建的内容赋予价值，Web3 技术逻辑本质上是开源的，任何与这种精神相反的东西都可能被视为危险信号。Web3 正在改变用户与品牌之间的互动方式，将价值观和原则推到最前线。这些价值观能够帮助品牌奠定坚实的基础并吸引未来的团队成员。此外，价值观将在创建品牌故事的阶段为品牌提供帮助，所以不要跳过这个关键部分。讲故事对人类至关重要，它是我们分享经验、知识和智慧的方式，对品牌提高声誉也至关重要，因为这是吸引受众的方式。

"Narrative"是 Web3 里最流行的一个通用概念,中文一般翻译为"叙事"。"叙事"可以理解为描述和传达这一新兴互联网时代的核心理念、愿景和特征的一种表达方式。Web3 不仅是技术的进步,更是一种对互联网发展方向的重新思考,强调去中心化、用户所有权、开放性和可信度。在前面的章节我们已经熟悉了这些特性,这里再梳理一些构成 Web3 叙事的关键元素,可以结合营销工作来对比思考。

去中心化

Web3 强调去中心化,即在不依赖单一实体或权威机构的情况下实现信息和价值的传递。区块链技术是实现去中心化的核心工具,它允许信息被安全地存储和传输,而不需要中介。

用户所有权

Web3 强调用户对数据和数字资产的所有权。这意味着用户拥有对个人信息的掌控权,可以更自由地选择分享或保护自己的数据。NFT 是 Web3 的一个典型例子,它赋予数字资产独特的所有权。

开放性和互操作性

Web3 倡导开放标准和互操作性,以便不同的系统和应用程序可以无缝协同工作,这有助于打破信息孤岛,促进更广泛的合作和创新。

智能合约

智能合约是 Web3 的关键组成部分,它们是以代码形式编写的自动执行合约,无须中介,这使得在 Web3 环境进行可编程的价值交换成为可能。

社区治理

Web3 推崇社区参与治理,即由社区成员共同参与决策和规则制定,这有助于确保平台的民主性和透明性,减少权力集中。

信任和透明度

通过去中心化和区块链技术,Web3 旨在提高信任和透明度,每个参与者都可以查看和验证交易,减少信息不对称和潜在的不信任。

▌数字身份

Web3 致力于创建更安全、可信和用户友好的数字身份系统，使用户能够更好地管理他们的身份信息，而无须依赖集中式的身份验证系统。

NFT 作为营销媒介的意义总结见表 5.1。

表 5.1　NFT 作为营销媒介的意义

传统内容（集中式）	NFT 内容（去中心化）	对营销的影响
可复制文件副本（.mp3，.jpg）	独一无二的链上数字资产	稀缺性、真实性
所有权归中心化服务器控制，中介机构拥有	唯一的、可验证的、公开的拥有者	所有权证明
必须自建交易系统	可组合性、自由交易	不可替代性
中介服务商拿走大部分利润	发行者保留版权并控制版税	自定义版税
分发受基础设施、地域限制	全球发行	直接分销的跨地区设施

由此可见，Web3 的叙事着眼于构建一个更加民主、开放、安全和以用户为中心的互联网生态系统。这种叙事不仅涉及技术层面的创新，还包括对社会、经济和政治影响的深刻思考。这些特性都与 Web 2.0 的营销概念、目标大不相同，所以要想帮助品牌更好地入局 Web3 营销，必须先在底层逻辑上明白二者的差异，这样才能设计出更加有效果的营销活动。

5.1.2　为企业量身定制 NFT 营销策略

上一节讨论了 NFT 对营销的影响，并强调了营销人员在营销活动中采用 NFT 的特殊意义。为了利用 NFT 新特性，营销人员在策划营销活动时候需要推出为最终用户带来独特价值的 NFT。现在的消费者很容易辨别一个活动是专门为了赢利，还是真正从品牌文化出发为社区成员提供价值。因此，NFT 营销的关键是向消费者展示超越他们诉求的更稀缺、更有价值的东西。

NFT 同样可以借助传统营销中广泛采用的 AIDA 模型指导营销活动。AIDA 模型的目的是试图拆解消费者购买决策的全过程，提升销售人员的成交概率。AIDA 模型有 4 个阶段：引起注意、引发兴趣、激发欲望、引导行动，我们在这个模型中加入 NFT 作为新的营销手段，制作新的营销模型，见表 5.2。

表 5.2　新的营销模型

	NFT 独特之处	营销机会	例　子	风　险
提高认识	独特性创造稀缺性	品牌与稀缺性关联	Taco-themed NFT	环保可能引起一部分反感
激发欲望	培养获取独家权益的欲望	NFT 特殊权益、交互画面、社区成员	Kings of Leon 的 NFT 专辑	定位偏差引起用户质疑
鼓励行动	高信任、低风险、立即登记所有权	分享收益、渐进式信任	Asics NFT 资助艺术家	NFT 法规尚在完善
重复操作	可重复出售、转移且永远不会丢失	鼓励交易、展示（炫耀）	RTFKT 运动鞋 NFT	交易价格影响品牌形象

1. 第一阶段：提高认识

营销人员应该通过推广 NFT 的独特功能来让消费者了解用于营销的 NFT。独特性会造成供应的稀缺性，这是 NFT 与传统产品或服务相比的不同之处，商品理论认为，稀缺性提高了商品的价值。多年来，营销人员一直使用"限量版"和"售完即止"等术语来吸引消费者购买特定商品，而 NFT 则天然具有公开透明、可追踪的稀缺性特性。NFT 的价值基于其数字稀缺性，因此，与稀有体育卡等传统收藏品一样，NFT 的价值在最初销售后可以升值。

基于供应的稀缺性可以对产品价值和消费者购买行为产生积极影响。更具体地说，基于供应的稀缺性会影响感知的排他性，有助于满足消费者对独特性的需求。虽然营销人员可能很想创建一个稀缺的 NFT 来吸引他们的目标市场，但 NFT 必须与品牌的目标和个性相关。举例来说，加州大学伯克利分校铸造了 20 世纪 90 年代诺贝尔奖获奖 NFT，这种结合历史的真实性和稀缺性让作为商品的 NFT 具有极高的收藏价值，也让参与 NFT 活动的人切实感受到荣誉感与幸福感。

2. 第二阶段：激发欲望

一旦消费者了解到 NFT 足够吸引人，他们就可能产生拥有它的欲望。营销的目标是通过 NFT 培养情感联系，鼓励消费者从简单的喜欢转变为迫切想要拥有它，可以通过展示持有这个 NFT 将会如何为他们的生活增添价值来实现。在认知阶段，消费者可能会被 NFT 的稀缺性吸引，而在欲望阶段这种吸引力会增强，因为 NFT 的不可替代性意味着它不会被伪造或替代，这种真实性可以增强人们对 NFT 的稀缺性和独特性的认知。此外，作为去中心化的产物，NFT 的安全性可以降低消费者对购买虚拟物品的担忧。

NFT 可以为消费者提供独家的实物产品或现实生活中的服务。比如，购买 Kings of Leon 的 NFT 专辑的粉丝可以获得未发布的音乐、独家视觉艺术品和演出的后台通行证；索尼影业通过一套 NFT 来宣传电影《鬼驱人 2：鬼乐园》，消费者可以赢取免费电影票；Curio Entertainment 与 Fremantle 合作把电视剧《美国众神》中的主要角色形象铸造成 NFT，集齐所有角色 NFT 的观众将获得奖励，例如提前观看剧集的机会；英国奥运代表队推出 2020 年东京奥运会主题 NFT，庆祝英国参加奥运会 125 周年，用户可以通过"拥有"NFT 来与代表队互动。

NFT 的特别之处在于它是独一无二的数字媒体，可以包含视觉和声音等多种元素。因此，营销人员可以通过 NFT 触及消费者的感官，激发他们的情感。例如，可口可乐公司推出可口可乐声音可视化 NFT 庆祝国际友谊日，消费者可以通过它"感受"可口可乐倒在玻璃杯中时冰块碰撞的声音，此外必胜客推出了限量版 NFT 比萨切片，每个切片都带有不同的配方，消费者可以更加清晰地了解比萨的制作过程。

成功的营销需要确保推广的 NFT 与品牌定位一致。如果没有良好的关联，可能会造成适得其反的效果。有些消费者可能会对品牌与 NFT 的联系感到困惑，而其他人可能会质疑品牌销售 NFT 的动机，担心它只是跟风或追求暂时的赢利。

3. 第三阶段：鼓励行动

一旦消费者渴望拥有 NFT，他们就会考虑购买。营销人员的任务是通过使购买变得更加便捷来鼓励消费者采取实际行动。在这个阶段，信任和风险不再是主要问题，NFT 的去中心化性质使得交易更加快速、方便，而且是在没有第三方（如银行或销售人员）的情况下进行。虽然存在一些相关费用，如 Gas 费，但这些都是加密世界用户习以为常的事情。营销人员无法直接控制区块链上的交易运作，但他们可以通过在消费者熟悉的领域和参与的活动中推广 NFT，使购买变得更加方便和可信。例如，麦当劳通过在快乐套餐中引入神奇宝贝交易卡来推广快乐套餐。借鉴这一模式，麦当劳可以通过在快乐套餐中添加二维码将 NFT 纳入此活动，将消费者与 NFT 联系起来，而不只是传统的实物玩具。

购买 NFT 可以获得多种权益，尤其是当部分收益被捐赠给消费者支持的慈善事业时，消费者可能会立即购买。例如，Asics 将限量版数字运动鞋以 NFT 形式出售，销售收益用于支持内部艺术家的艺术项目。在这一阶段，营销的关键是使购买 NFT 成为一个无缝衔接且富有意义的消费体验，让消费者能够轻松参与并享受购物的乐趣。

4. 第四阶段：重复操作

NFT 是可以随着时间的推移而升值的数字资产，它们不能被篡改，也不会过期、变质。消费者可以在社交媒体分享他们对 NFT 的所有权，并以此作为身份、品位的象征，也可以选择将 NFT 转售、赠送给其他人，原始创作者或所有者都可以从每次销售中获利。

因此，营销活动应该侧重宣传可以让消费者多次购买、转赠、转售或展示的 NFT，让营销活动的生命周期变得更长。例如，虚拟运动鞋品牌 RTFKT 销售数字运动鞋，消费者可以使用增强现实技术将其作为 NFT 服装"穿着"。许多消费者都在社交媒体上发布了自己穿着运动鞋的照片，粉丝在被吸引后就会有很大的机会成为新客户，重复购买。

以上我们借助 AIDA 模型，把 NFT 当作营销的主要媒介全过程剖析了企业做 Web3 营销的正确思路。在理解了 NFT 的技术原理和独特性之后，我们需要给想借助 NFT 进行营销的品牌一些基本策略，通过下面的清单可以简单、快速地定义一次 NFT 营销活动。

NFT 营销策略清单：

· 定义目标消费群体，了解其爱好、行为、购买习惯和其他统计学特征。

· 创建独特叙事，搭配 NFT 的设计语言、交互玩法。

· 选择最合适的铸造、销售 NFT 的平台。

· 制作符合 Web3 文化品位的高质量 NFT。

· 善用社交平台与目标群体对话，多渠道宣传，平等对话。

· 使用监控、统计工具及时调整策略，倾听社区反馈。

· 透明度非常重要。

传统品牌的大多数受众不了解区块链技术或 NFT 的工作原理，这意味着品牌需要向受众宣传区块链技术，或者创造无缝的用户体验。为此，新的营销时代需要营销人员了解区块链技术以集成现有的区块链基础设施。另外一个思路是传统品牌与现有的 NFT 项目或 Web3 品牌直接合作，这种跨界合作简化了开发过程，也可以让品牌利用 Web3 项目构建自己的社区。

5.1.3　尝鲜 NFT 的 10 个品牌

了解了 NFT 驱动的新营销特性、策略之后，我们快速浏览已经采用 NFT 作为营销媒介的传统品牌都做了哪些尝试。为了便于理解，这一节只介绍品牌行动，我们会在接下来几节通过个案研究来具体分析 Web 2.0 品牌入局 NFT 营销的详细情况。

1. 汉莎航空 ×Uptrip

德国航空公司汉莎航空（Lufthansa）宣布与合作伙伴 Uptrip 启动 NFT 忠诚度计划。在 Uptrip 应用程序中扫描登机牌的乘客会收到在 Polygon 平台发行的 NFT（图 5.1）。这些 NFT 可以存储在乘客的加密钱包中，并且可以在加密市场自由交易。

图 5.1　汉莎航空发行的 NFT（来源：Uptrip 官网）

汉莎航空在计划中没有提到"NFT"这个词，他们的描述词是"卡片"，这让乘客非常容易入门。扫描机票收集"卡片"既有趣又简单，而乘客持有 NFT 的激励也直观、有稀缺性——机场休息室使用权、航班升级或奖励里程。此外，这些 NFT 可以在汉莎航空的生态系统之外转让，这无疑可以在更大范围内传播品牌。

2. 阿迪达斯 × BAPE

阿迪达斯与日本著名时尚品牌 A Bathing Ape（BAPE）合作，推出与限定产品相关的 NFT（图 5.2）。每双限量版 Forum 84 BAPE Low Triple-White 运动鞋的左鞋舌都集成了近场通信（NFC）芯片，使消费者能够获得 NFT 正品验证证书。另外，他们还与 MoonPay 合作推出 NFT "fresh forum" 拍卖活动，一共限定 100 个 NFT，对应 100 双超级限定球鞋。

图 5.2　阿迪达斯发行的 NFT（来源：阿迪达斯官网）

这是两个品牌进入彼此社区的好方法，通过限量发售、NFC 扫描获取 NFT 证书，让整个营销过程具有科技感和潮流感。这并不是阿迪达斯第一次涉足 Web3 领域，阿迪达斯还曾与 Web3 艺术家 Fewocious 联手推出 NFT 安全运动鞋，将独特的数字艺术品与独家限量版鞋类产品融合在一起。

3. 梅赛德斯 - 奔驰

梅赛德斯 - 奔驰新的 NFT 系列名为 "Mercedes-Benz NXT Icons"（图 5.3），这些 NFT 汽车模型展示了奔驰悠久的历史，每个 NFT 都有独特属性。这个系列包含 18 860 个 NFT，分为七个时代，2023 年 9 月发布的是 "奢侈品时代"，一共有 2694 个 NFT。

奔驰很认真地对待 NFT 这些新技术，他们成立了梅赛德斯 - 奔驰 NXT 子公司，而创意合作伙伴 Omnicom 紧跟着也成立了 OxNXT 工作室。奔驰已经非常明白 NFT 给品牌带来的好处，想借此吸引新客户，创造新奇体验。

图 5.3　梅赛德斯 – 奔驰发行的 NFT（来源：梅赛德斯 – 奔驰官网）

4. Doodles x Crocs

最受欢迎的 NFT 系列之一 Doodles 宣布与鞋类巨头卡骆驰（Crocs）合作，推出鞋子、可穿戴设备和"jibbitz"（可以挂在 Crocs 鞋孔上的饰物，图 5.4）。

图 5.4　Doodles 发行的 NFT（来源：Doodles 官网）

消费者购买 Doodles x Crocs Classic Clog Bundle 都会获得一个 Crocs Box NFT。打开此 NFT 将获得 2 个 Doodles 可穿戴设备和 Beta 通行证，这可以让消费者提前进入 Doodles' Stoodio——一个用于定制和创建 Doodles 角色 NFT 的交

互平台，消费者可以在这里用最新系列的 Crocs 可穿戴设备装饰他们的 Doodles 头像。

5. Beatport

全球最大的电子音乐在线平台之一 Beatport，在 Polkadot 波卡公链上推出基于 NFT 的交易市场 Beatport.io（图 5.5），并将其描述为"探索和参与新数字格式"平台。艺术家可以向粉丝发布 NFT 并关联新交易市场上对应的专辑或单曲。

图 5.5　Beatport 推出的 NFT 交易市场（来源：Beatport.io 官网）

音乐是 Web3 时代彻底改变创作者与粉丝互动、创作者经济模式的众多领域之一。例如，领先的 Web3 原生音乐市场 Sound.xyz 允许艺术家以一组 NFT 的形式首次推出新音乐，让听众有机会为他们提供早期支持。

6. 迪　奥

迪奥（Dior）推出了一款售价 1355 美元的运动鞋"B33"（图 5.6），鞋子配备 NFC 芯片，扫描芯片可以获得鞋子 NFT 版本的真品证书。NFC 芯片存储有关鞋子的信息，例如制造日期、使用的材料以及生产地点，消费者可以访问 Aura 区块链联盟的平台查看这些信息。

NFC 芯片和区块链技术在奢侈品行业的使用仍处于早期阶段，但它有潜力显著减少假货并改善客户体验。

图 5.6　Dior 发行的 NFT（来源：Diro 官网）

7. 7-11

美国连锁便利店 7-11 为了庆祝开业 96 周年，上线了一个基于 NFT 的激活、铸造程序（图 5.7），消费者可以在商店购买思乐冰（Slurpee）饮料，也可以通过在线混搭、制造饮料变成 NFT，然后存入虚拟钱包。

这是传统品牌利用 NFT 激活客户的典型案例，借助特殊的节日营销，可以更好地传递品牌渴望保持年轻、轻松的品质。

图 5.7　7-11 发行的 NFT
（来源：7-11 官网）

8. Lacoste

首次涉足 Web3 后，法国服装品牌 Lacoste 推出了 UNDW3 NFT 和一个交互社区平台（图 5.8），主要目标是发展品牌的忠诚度计划，Lacoste 将其描述为"一个开创性、个性化体验计划"。

UNDW3 是一种动态 NFT，持有这个 NFT 就可以访问 Lacoste 开发的社区专属平台，在那里消费者可以参加创意竞赛、互动游戏以及每周一次与品牌故事结合的挑战任务。

图 5.8　Lacoste 发行的 NFT（来源：Lacoste 官网）

Lacoste 曾于 2022 年 6 月发布了 11 212 张 PFP 类型的 NFT，后续又向社区提供了"Genesis Passes"系列，该系列中每个 NFT 的铸造价格为 0.08 ETH，当时约合 95 美元。

9. 可口可乐

可口可乐公司推出了名为"Masterpiece"的 NFT 系列（图 5.9），以艺术与标志性的可口可乐瓶子组合在一起为灵感，邀请众多艺术家参与设计。此次发售也是可口可乐公司参与 Layer 2 区块链 Base（由 Coinbase 开发）举办的"Onchain Summer"活动的一部分。

图 5.9　可口可乐发行的 NFT（来源：可口可乐官网）

在长达 72 小时的拍卖中，收藏家共拍出超过 8 万件数字艺术作品 NFT，这些 NFT 把爱德华·蒙克（Edvard Munch）的《呐喊》和约翰内斯·维米尔（Johannes Vermeer）的《戴珍珠耳环的少女》等经典艺术杰作与法特玛·拉马丹（Fatma Ramadan）、阿克特（Aket）、维克拉姆·库什瓦（Vikram Kushwah）、斯特凡尼亚·特哈达（Stefania Tejada）和新兴艺术家 WonderBuhle 等人的当代作品混搭在一起。

可口可乐公司于 2021 年进入元宇宙，曾经在国际友谊日（7 月 30 日）拍卖首个 NFT 并将收益的一部分捐赠给国际特殊奥林匹克委员会，2022 年 7 月，可口可乐公司发布了 136 件 NFT 以纪念骄傲月（pride month）。

10. 华纳兄弟

2023 年 7 月，华纳兄弟公司宣布 DC 漫画公司超级英雄电影《闪电侠》将会在上映同一天同步发行 NFT 版本（图 5.10）。观众可以通过区块链服务商 Eluvio 使用信用卡或加密货币购买 NFT，所有者可以观看 4k 超清版本电影，并可以解锁特殊的 AR 功能、收集新的 NFT 等。

图 5.10　华纳兄弟公司发行的 NFT（来源：decrypt）

《闪电侠》NFT 的所有者还将获得一张代金券，可以在 DC 漫画公司的 NFT 市场兑换 DC3 Super Hero Pack NFT，每个 NFT 都包含随机选择、稀有度不一的三部数字漫画。这是历史上第一次真正用 NFT 来发行大型院线电影，华纳兄弟用技术创新带领粉丝一起创造了历史。

5.2 **耐克：收购开启 NFT 次世代**

耐克是颇具标志性的品牌之一，是全球公认的性能、创新和风格的代名词。耐克的口号"Just do it"代表一种超越语言、年龄和文化障碍的伟大愿景。耐克通过将有影响力的故事、前沿创新和引人入胜的品牌体验完美结合，成功扩大了对不同受众的吸引力。而 NFT 技术的出现和流行被耐克敏锐捕捉，相比其他传统品牌，不断创新的耐克再次站到了领导者的位置。

我们一起回顾一下耐克的数字化历程：

· 1999 年，耐克在网站上推出"Nike By You"（最初为"NikeID"）功能，客户可以设计自己的"空军一号"球鞋。现在，"Nike By You"拥有 100 多个店内工作室，客户可以在这里与训练有素的设计师一起工作。

· 2006 年，耐克推出"Nike+"和"Nike Run Club"，用户可以在 iPod 和 iPhone 上跟踪自己的跑步和健身活动。现已发展成"Nike Run Club"应用程序，为用户提供健身追踪、虚拟挑战以及与全球跑步社区的联系。

· 2015 年，耐克推出 SNKRS 应用程序，这是一个专门用于独家发布和预览品牌最新产品系列的平台，客户可以直接从他们的设备上获取最新的产品信息。

· 2018 年，耐克收购 Zodiac，这是一家预测客户行为和价值的数据分析公司，增强了品牌的个性化营销。

· 2018 年，耐克应用程序开始弥合在线购物和实体店之间的差距。应用程序可以识别用户何时走进耐克商店，为他们提供有关可用产品和服务的信息并触发奖励。

· 2019 年，耐克推出"Nike Fit"，这是耐克应用程序中的一项 AR 功能，可以帮助用户找到完美的鞋码。

· 2019 年：耐克获得基于区块链的 CryptoKicks 专利，这是一个基于区块链的系统，可以将实体产品与 NFT 结合在一起。

· 2021 年 11 月：耐克在游戏平台 Roblox 上推出虚拟体验。

- 2021 年 12 月：耐克收购虚拟运动鞋 Web3 工作室 RTFKT，并与村上隆合作推出 CloneX NFT 系列。CloneX NFT 所有者拥有 NFT 商业权利，所有者可以通过 NFT 验证网站下载 3D 原始文件。

- 2022 年 2 月：耐克与 RTFKT 发布 Nike×RTFKT 联名系列，名为"MNLTH"，该系列与 PodX 虚拟空间一起空投给 Clone X 所有者。

- 2022 年 2 月："·SWOOSH 社区集体"启动，这是一系列 IRL（In Real Life，真实生活）活动，旨在收集和讨论社区的反馈。

- 2022 年 4 月：耐克与 RTFKT 一起推出 CryptoKicks，这是为 MNLTH 所有者提供的 20 000 个可定制运动鞋 NFT 集合。CryptoKicks 使用 RTFKT Skin Vials 进行定制，MNLTH 所有者可以在支持 NFT 验证的页面装备皮肤。

- 2022 年 7 月：耐克为 CloneX 和 CryptoKicks 所有者推出 RTFKT×Nike AR Hoodie NFT，这是一款可以打造实体对应物的可穿戴设备。

- 2022 年 8 月：耐克为 CloneX 所有者推出名为 Forging SZN 1 的时尚系列。该系列允许特定 CloneX NFT 的用户订购和自己的虚拟形象 DNA 相关的商品，这些可穿戴设备包括连帽衫、夹克、T 恤、帽子、袜子和运动鞋。

- 2022 年 11 月：耐克推出名为 .SWOOSH 的 Web3 平台，用户可以在该平台上参与独家活动，与 Nike 设计师合作开发虚拟产品，并从销售这些产品中获得收益。

- 2022 年 11 月：耐克推出第一个 .SWOOSH 系列，名为"OurForce 1"，这是基于"Air Force 1"系列经典设计的一款数字产品。

- 2023 年 1 月：.SWOOSH Studio 发布，旨在为用户提供和设计师共同创作的机会并可获得创作奖励。

- 2023 年 4 月："OurForce 1 Collection"正式发布。

- 2023 年 10 月：耐克推出首款实体运动鞋，名为 Air Force 1 Low "TINAJ"，代表"This Is Not A Jpeg"（这不是小图片）。

耐克做对了什么？通过自主创新、品牌合作、收购、投资，耐克很快理解了 NFT 的社群文化与自身品牌文化的共通之处。要了解耐克的 Web3 战略，可以以 .SWOOSH 的出现作为分水岭，一分为二。

在 .SWOOSH 时代之前，耐克对 Web3 进行了初步探索（图 5.11），其标志是收购了原生 Web3 工作室 RTFKT。这一步催生了新的 NFT 和各种实验项目，主要涉及 RTFKT、CryptoKicks 和 CloneX。与传统市场一样，进入 Web3 领域有两种策略：通过独立开发、自建社区实现数据增长，通过合作或收购实现增长。大品牌早期探索 Web3 的方式更倾向于合作，耐克与 RTFKT、阿迪达斯与 Bored Ape Yacht Club（BAYC）以及 Gucci 与 Yuga Labs 都证明了这一点。在 .SWOOSH 之前，耐克的 Web3 运营与母品牌没有明确联系，而是鼓励实验并主要吸引 Web3 用户的利基群体。

图 5.11　耐克的初步探索（来源：耐克官网）

RTFKT 是一家以数字时尚和虚拟物品为主导的公司，致力于创造具有独特设计和潮流元素的数字商品，特别是虚拟数字鞋和虚拟服装 NFT。公司成立于 2019 年，总部位于美国洛杉矶。RTFKT 的目标是将数字创意与现实世界相结合，通过 NFT 技术和区块链来创建独特的数字收藏品。RTFKT 以数字艺术方式设计和发售数字球鞋（图 5.12），这些鞋子拥有独特的外观和设计元素，每双数字球鞋都被铸造成独特的 NFT，确保了独特性和真实所有权。这种数字球鞋在虚拟空间具有与现实中的高端时尚鞋品媲美的价值，成为数字时尚和数字收藏品市场中备受瞩目的产品。

2021 年 10 月 RTFKT 被耐克收购，成为其数字创意团队的一部分，标志着传统大型公司对数字创意和虚拟物品产生了兴趣。耐克通过收购 RTFKT 加强了与数字创意和虚拟物品领域的合作，大踏步推动品牌的数字化创新，为品牌注入新的活力和潮流元素。收购之后，RTFKT 保持了很好的活力，通过与 Rimowa、村上隆、Jeff Staple、CryptoPunks 等项目和艺术家联名推出了许多 NFT 的精品之作。

图 5.12　数字球鞋（来源：RTFKT 官网）

经过多年的探索，耐克决定将 Web3 计划与母品牌和核心客户群更紧密地结合起来。.SWOOSH Studio 和 OurForce 1 系列的推出证明了这一点。

2022 年 11 月，耐克推出 .SWOOSH 平台，这是一个支持 Web3 的平台，用耐克自己的话来说，"该平台通过创建一个全新的、包容性的数字社区和体验来支持运动员并服务于体育的未来"。他们的目标是让每个人都能获得 Web3 体验，使用户能够收集、创造和拥有这个新数字世界资产，从而扩大体育运动的用户范围并服务其未来。简而言之，.SWOOSH 将成为耐克 Web3 活动的中心和用户交互的主要界面。它为用户提供一个学习、收集、共同创建虚拟产品的空间。

在 .SWOOSH 平台启动第一个共创活动 Our Force 1，用户创建一个 NFT 作为 .SWOOSH ID（图 5.13），这种不可替代的 NFT 会永久链接他们的特定数字身份，不能转让或出售给他人。

在 .SWOOSH 注册过程中，耐克与 BitGo 合作，用户可以无缝创建一个区块链钱包，用于存放 NFT 和绑定数字身份，整个系统建立在 Polygon 公链上。通过查看 .SWOOSH 在区块链上的合约可以看到截至 2023 年 11 月，一共有 376 875 个 ID 被创建。在这里，我们应该考虑到 .SWOOSH 仍处于测试阶段，并且 Nike 限制了加入的用户数量。

图 5.13   .SWOOSH ID（来源：SWOOSH 官网）

2022 年 11 月，耐克在 Our Force1 社区策划拉开了首届 .SWOOSH 活动的序幕。.SWOOSH NFT 的所有者可以投票选出他们最喜欢的 Air Force 1 款式。2023 年 1 月，耐克发起了"Your Force 1"竞赛，这次活动让 4 名社区成员获得了为耐克即将推出的虚拟鞋类系列（"Our Force 1"系列）设计运动鞋的机会。这些创作者签署了一份"共同创作合同"，他们可以从每次销售中获得一定的收入。2023 年 4 月 18 日，耐克向 .SWOOSH 社区成员分发了 106 453 张免费虚拟海报 NFT。2023 年 10 月，耐克为持有虚拟海报 NFT 的人提供了首发优先购买"Our Force 1"产品的机会。

首发第一天，耐克售出 55 000 多个虚拟运动鞋盒，收入 100 万美元。"Our Force 1"盒子到底是什么？它其实是一个虚拟容器，里面装有全新"Our Force 1"NFT，灵感来自耐克标志性的"Air Force 1"系列运动鞋。

从活动来看，这是一场完全由社区驱动、NFT 做媒介的典型 Web3 营销案例。通过创建数字身份、建立钱包将大量用户接入区块链，通过上传作品、投票营造社区共创文化并强调利润分享，通过空投（AirDrop）这种典型的 Web3 玩法让原生区块链用户倍感亲切，空投的权益也十分诱人——首发优先购买权，这些都是借助 NFT 的独特性、稀缺性来实现的。

活动效果如何？在不确定耐克本次活动投入的情况下无法评估实际的投入产出比，但我们依然可以通过 NFT 销量、用户参与、社交传播等数据评估活动效果。区块链上所有数据都是公开、透明、不可篡改的，我们可以获得最真实的统计数据。

在第 2 章我们已经学会了如何通过区块链浏览器查看 NFT 及数据，借助可视化数据平台 Dune，我们可以更加直观地查看区块链上的数据（图 5.14）。

等级	名　称	二级市场交易	次要卷信息	主要销售收入	总版税	NFT总收入
1	Nike	82.51k	$1.34b	$93.13m	$92.99m	$186.13m
2	Dolce & Gabbana	11.97k	$20.62m	$23.14m	$557.20k	$23.69m
3	Tiffany	76.00	$3.41m	$12.62m	0	$12.62m
4	Gucci	4.84k	$31.92m	$10.00m	$1.60m	$11.60m
5	Adidas	57.36k	$178.22m	$6.20m	$4.81m	$11.01m
6	Time Magazine	22.38k	$37.55m	$7.09m	$3.72m	$10.81m
7	Budweiser	4.44k	$6.65m	$5.88m	0	$5.88m
8	Bud Light	11.23k	$3.34m	$4.00m	0	$4.00m
9	AO	10.53k	$8.18m	$1.50m	$204.45k	$1.70m
10	Lacoste	15.28k	$3.13m	$1.00m	$125.19k	$1.13m
11	Nickolodeon	8.26k	$2.67m	$352.25k	$267.42k	$619.67k
12	McLaren	2.22k	$2.62m	$204.54k	$130.85k	$335.39k
13	Pepsi Mic Drop	3.50k	$11.06m	0	0	0

图 5.14　查看数据（来源：Dune）

据统计，耐克的主要销售（Primary Sale）收入约为 9300 万美元，比第二名的 Dolce & Gabbana 高出约 3 倍。耐克的二级市场销售（Secondary Sale）达到约 13.4 亿美元，总收入高达约 1.86 亿美元，比第二名 Dolce & Gabbanna 高出约 7 倍。

具体到 CloneX 系列（图 5.15），它是耐克迄今为止在数量、参与度和版税收入方面最成功的 NFT。自 2021 年 11 月推出以来，CloneX 稳定地产生了大部分版税收入并贡献了耐克 NFT 交易量的 65%。

图 5.15　CloneX 数据（来源：NFTScan）

在NFT寒冬之后,CloneX系列总市值维持在3.2万个ETH,约合6600万美元;历史最高成交额是450个ETH,约合93万美元;总销售次数约6.3万次、累计金额9.2亿美元,按5%的版税计算,CloneX总计获得约4600万美元的版税收入。

另外一个评估耐克NFT营销效果的重要数据是.SWOOSH的注册量,通过区块链浏览器显示,累计注册人数已经达到376 875人(图5.16),这个数据放在整个Web3行业都是非常优秀的。

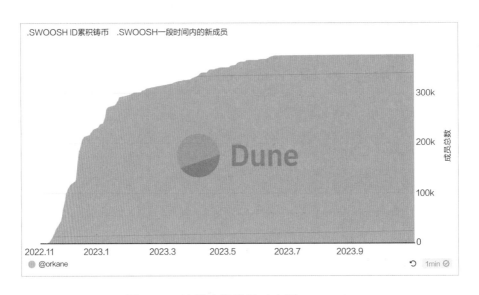

图 5.16　注册人数统计（来源：Dune）

在过去两年,耐克排名前三的NFT系列产生了约14.5亿次社交互动,几乎与耐克品牌本身一样多。这些互动中产生了约80万次社交提及,大约是同期耐克总提及次数的6.5倍。尽管有这些数字,受众对.SWOOSH最初的反应还是好坏参半,而且Web3之外的受众参与度仍然有限。有趣的是,将耐克2022年467.1亿美元的总收入与其Web3收入1.8亿美元(仅占总收入0.3%左右)进行比较,尽管比例很低,但耐克Web3品牌的社交参与度远远超过了总品牌的社交参与度。

5.3 "星巴克－奥德赛"NFT重构第三空间

星巴克长期以来一直将其实体店称为"第三空间",即家庭和工作之外的地方,现在他们计划打造一个新的全球数字空间,一个由协作、体验和共享所有权定义的 Web3 领域的 NFT 社区。"星巴克－奥德赛"计划(图 5.17,以下简称奥德赛计划)于 2022 年 12 月在封闭测试中推出,是成功的星巴克奖励系统的延伸,奥德赛计划为星巴克的忠实客户提供独特的福利和身临其境的咖啡体验,客户可以通过完成测验和谜题换取"邮票"。

图 5.17 "星巴克－奥德赛"计划(来源:星巴克官网)

星巴克执行副总裁兼首席营销官 Brady Brewer 表示:"星巴克－奥德赛体验将把第三空间的连接延伸到数字世界。""利用 Web3 技术使我们的会员获得以前不可能获得的体验和所有权,星巴克－奥德赛将超越我们的星享俱乐部会员喜爱的基本福利,并释放星巴克独有的数字、实体和体验福利。""通过融入星巴克奖励生态系统,并将体验植根于咖啡、连接和社区,我们以不同于任何其他品牌的方式进入 Web3 领域,同时加深我们的会员与星巴克的联系。我们的愿景是创建一个让我们的客户可以聚集在一起喝咖啡、参与沉浸式体验并庆祝星巴克的传统和未来的地方。"

这个计划是对原有星巴克会员积分制度的升级和延伸,忠诚度、社区参与、未来第三空间成为计划的主要目标。奥德赛计划建立在 Polygon 公链上,NFT 被巧妙包装成"邮票",会员只需要和之前一样登录即可参与奥德赛"旅程",区块链、钱包、NFT 各种复杂难以理解的概念都被包装起来藏在后面,在界面层,用户几乎无法感知差异。这种方式非常适合星巴克这样具有众多传统会员的品牌,因为他们的客户中绝大部分人都没有接触过 Web3。

奥德赛计划是由一系列活动组成的长期计划,比如玩互动游戏或接受有趣的挑战以加深对咖啡、星巴克的了解从而获得积分,完成"旅程"的会员将获得数字收藏"旅程邮票"(NFT)作为奖励。会员还可以通过"星巴克 – 奥德赛"的内置市场购买"限量版邮票"(NFT),用信用卡就可以直接购买而不需要加密钱包或加密货币——这使得"星巴克 - 奥德赛"体验成为一种有趣而简单的方式,不仅让会员可以用最贴近使用习惯的方式体验 NFT 这项新技术,而且还可以获得积分奖励。

每张"邮票"都包含一个基于其稀有性的积分值,这些"邮票"可以在会员之间转让或出售,所有权在区块链上得到保障。通过收集"邮票",会员的积分将会增加,进而获得前所未有的独特福利和体验。奥德赛计划提供的奖励包括虚拟浓缩咖啡马提尼制作课程、独特的商品、受邀参加星巴克臻选烘焙工坊的独家活动,甚至还有机会参观哥斯达黎加的星巴克 Hacienda Alsacia 咖啡农场。所有"邮票"都采用星巴克合作的艺术家创作的标志性艺术品。此外,"限量版邮票"销售收入的一部分还将捐赠给星巴克合作伙伴和支持星巴克会员开创新事业。

在测试阶段,星巴克只向登记名单中的用户免费发放 4 个 NFT,仅发行 5000 份 Holiday Cheer Edition 1 "邮票"。这些奖励免费赠送给完成比赛并达到要求的会员,并且他们还需要购买一张礼品卡。尽管是免费赠品,但这些 NFT 在二级市场上的售价高达每件 1000 美元。2023 年 3 月,奥德赛计划推出限量版"The Siren Collection"(图 5.18),内含 2000 张"邮票"。这些 NFT 的灵感来自于品牌的标志性徽标(超级美人鱼)和 5 种不同的美人鱼"表情",用户可以跟随美人鱼一起完成"从西雅图当地名人到受人尊敬的全球偶像的旅程"。售价 100 美元的 2000 张"邮票"引发空前高涨的抢购热情,甚至导致"星巴克 - 奥德赛"网站一度崩溃,所有"邮票"在 20 分钟内全部售空。

图 5.18　The Siren Collection（来源：星巴克官网）

在第一款限量版 NFT 系列获得成功后，奥德赛计划于 2023 年 4 月推出第二个 NFT 系列，名为"星巴克首店系列"。该系列售价 99 美元，包含 5000 张"邮票"，灵感来自星巴克在西雅图派克地区的第一家门店。截至 2023 年 8 月 2 日，星巴克 NFT 的总市值约 940 万美元，迄今为止总共铸造了约 211 000 个 NFT。

星巴克致力于使用符合公司可持续发展愿望和承诺的技术来打造奥德赛计划。在技术选择上，他们利用 Polygon 公链构建的"权益证明"区块链技术，该技术比第一代"工作量证明"区块链消耗更少的能源。通过提供更轻松的 Web3 体验，星巴克正在向世界推出全新的下一代忠诚度计划模型，我们从奥德赛计划里学习到星巴克践行 NFT 营销的 4 个主要原则。

1. 开放合作

与其他品牌或创作者合作可以帮助品牌快速吸引新的受众并带来新的视角和启发。尤其是传统品牌和 Web3 品牌的合作，更是可以弥合 Web 2.0 和 Web3 之间的数字鸿沟。星巴克并没有闭门造车自己从底层区块链技术开始研发、培养用户，而是聪明地选择和新兴的公链 Polygon、交易市场 Nifty Gateway 合作。通过合作伙伴的技术创新，奥德赛计划将技术掩盖在玩法之下，用"邮票"代替 NFT、用积分代替通证、用信用卡支付代替数字货币支付、用邮箱密码代替钱包登录……这些流程和操作上的体验正是通过紧密合作带来的。

通过合作，Web3 可以为传统品牌创建更加多样化的内容并覆盖更广泛的受众。在区块链和 NFT 领域，互相帮助、为彼此带来价值比竞争和制造冲突更有利，这种开放和合作的态度正是许多传统品牌喜欢和 Web3 合作的原因。

2. 数字实体化

数字实体化（phygital）是一个营销术语，通常用于描述数字体验与物理实体体验的融合。品牌创建的 NFT 项目最好是将实体产品与虚拟产品融合为一体，这意味着它无缝地集成了物理实体和数字元素的优点。通过将两者有机结合，品牌可以为用户创造更加身临其境的体验。每个实体物品的所有权都可以通过区块链上的相关代码进行验证。星巴克巧妙地引入"邮票"概念取代 NFT 这样陌生的名词，同时利用门店发放的实体宣传单、会员卡片来推介奥德赛计划，数字与实体完美融合，让用户在熟悉的场景就可以体验区块链和 NFT 带来的权益。

3. 虚实互通

Metaverse 是一个虚拟的、数字化的、多用户的环境，允许用户以逼真的方式与数字对象进行交互。通过将品牌 NFT 项目链接到 Metaverse，可以为品牌的受众创造新的、令人兴奋的与品牌互动的机会。反过来也是一样，星巴克利用区块链上的 NFT 收集类活动，让客户在线完成各种任务获得积分，提升忠诚度，然后在真实世界里回馈客户。积分不仅可以用于兑换限定的奖品，还可以参与咖啡烘焙课程、参观咖啡制作流程，在第三空间融合真实世界和虚拟世界，给客户带来更好的体验。

4. 重视社区

让用户感受到他们是社区计划的一部分，这是 NFT 营销成功最关键的部分。通过让用户参与规划和开发过程，可以让用户获得一种主人翁的参与感。NFT 营销的成败取决于社区成员的参与，不是单向的影响与被影响的关系而是一种双向奔赴的关系，品牌和用户都会对结果产生影响。如果品牌尝试的东西不受欢迎，用户可能会抛弃它，与此相对应，社区也可以定下基调并引导营销活动朝特定方向发展。星巴克执行副总裁兼首席营销官 Brady Brewer 提到"这仅仅是个开始，星巴克 - 奥德赛是我们重塑第三空间的计划之一。我们正在创建一个由 Web3 技术支持的可访问的数字化第三社区，星巴克会员和我们的合作伙伴可以通过独特的体验进行连接，并围绕对咖啡的热爱走到一起。"这就是"星巴克 - 奥德赛"整个社区的规划，很清晰，NFT 营销的目的是创建社区，或者是拓宽原有第三空间的外延，让用户在真实世界和虚拟世界都可以融入星巴克社区，成为社区的一部分。

目前，奥德赛计划仍然处于测试阶段并且只局限于北美地区，相信经过不断测试、迭代，很快可以取代原有的星享俱乐部体系，把会员忠诚度体系提升到一个新的水平。

5.4 古驰：奢侈品牌的 NFT 实战宝典

为什么是古驰（Gucci）？

答案很简单：古驰不仅仅是一个品牌，更是一个文化标志。

截至 2021 年，古驰是全球第四大最有价值的奢侈品牌，仅次于路易威登、香奈儿和爱马仕。古驰是第一个发布 NFT 的奢侈品牌，走在 Web3 创新的最前沿（图 5.19）。近年来，这家意大利奢侈品巨头似乎找到了一种以 Web3 和虚拟体验为中心的营销策略，并建立了与 Z 世代对话的新方法。正如之前的案例研究中描述的耐克一样，古驰也处于文化与技术的交叉点——这是部署 Web3 体验的最佳组合策略。古驰的 Web3 战略成功了吗？我们可以从中学到什么？ NFT 真的是奢侈品行业的下一件大事吗？让我们深入了解一下！

图 5.19　古驰为 PFP 所有者提供虚拟服装（来源：10KTF 官网）

古驰开创了时尚奢侈品进军 NFT 领域和 The Sandbox 虚拟世界的先河，但是这并非巧合。母公司开云集团对其在 Web3 和元宇宙领域的雄心壮志直言不讳，开云集团首席客户与数字营销官 Grégory Boutté 表示："我们认为 Web3 和 NFT 是真正的突破，我们希望成为这方面的先驱。"这些年，其他时尚品牌对 Web3 的态度要谨慎得多，但开云集团的战略是经过深思熟虑的。标志性实践就是投资了 Haun Ventures，一个由前 Andreessen Horowitz 合伙人 Katie Haun 创立、专注于 Web3 风险投资的基金公司。而古驰更是作为先头兵直接杀入 Web3 与 NFT 构成的元宇宙之中，我们一起来梳理古驰的 Web3 探索时间线。

- 2021 年 5 月：古驰与佳士得合作拍卖 NFT 电影短片，这部短片灵感来源于该品牌推出的"Aria"系列。同期古驰还在 Roblox 虚拟世界推出了"Gucci Garden"，这是一种身临其境的客户体验，并因此获得了威比奖（Webby Awards）。

- 2021 年 9 月：古驰推出 Gucci Vault，这是一家在线概念店和实验空间。

- 2022 年 1 月：古驰与知名玩具品牌 Superplastic 合作，发布超级限量 Super Gucci NFT 系列，其中包括穿着古驰服装的虚拟角色。

- 2022 年 2 月：古驰宣布与基于区块链的虚拟世界 The Sandbox 建立合作伙伴关系。

- 2022 年 3 月：古驰与知名手工艺人 Wagmi-san 及虚拟 Yuga Labs 合作，推出 10KTF Gucci Grail 系列。Gucci Grail 是为 11 个精选 PFP 类型（包括 Bored Apes、Pudgy Pengunis、World of Women、Cool Cats 等） 的 NFT 所有者定制的古驰服装和配饰系列。

- 2022 年 5 月：古驰开始在部分美国门店接受加密货币作为付款方式。还在 Roblox 上推出了 Gucci Town，这是一个虚拟空间，玩家可以探索、了解古驰并与他人互动。

- 2022 年 6 月：古驰与 NFT 交易市场 SuperRare 合作推出实验性在线艺术画廊 Vault Art Space。这是一个观看和收集当代艺术家前瞻性思维作品的地方。其首次展览"古驰的下一个 100 年"展示了一系列基于品牌百年传承的 NFT 艺术品。

- 2022 年 8 月：古驰在其精选的美国精品店整合数字货币 ApeCoin 作为可接受的付款方式。

- 2022 年 10 月：古驰在 The Sandbox 中推出"Gucci Vault Land"，这是一种通过游戏的方式让用户了解古驰传统的体验。

- 2023 年 4 月：古驰宣布与 Yuga Labs 建立合作伙伴关系，联合发布"Otherside Relics by Gucci"系列。

- 2023 年 7 月：古驰和 10KTF 联合向 2896 名 Gucci Material NFT 所有者提供独家优惠，让他们可以免费将代币兑换成实物限量版古驰产品（钱包或包）。古驰还与佳士得合作推出了第二场拍卖会，名为"未来频率：生成艺术与时尚的探索"，这场拍卖会汇集了许多数字艺术领域的领军人才，如 Claire Silver、Tyler Hobbs、Emily Xie、Botto、William Mapan，以及数字艺术领域的其他创新者。

- 2023 年 9 月：古驰在 Roblox 和 Zepeto 上重现了米兰时装周的时装秀。

Web3 品牌研究机构 Dematerialzd 整理了一份古驰尝试 Web3 和 NFT 营销的策略表（图 5.20），可以更直观地以品牌营销的思路再梳理一下古驰的行动。

Gucci's Web3 Activations Dematerialzd.xyz

Project	Release Date	On-chain	Go-to-Market	How It Works	User Activity	User Utility	Stage in Marketing Funnel	What User Problem Does it Solve?
Aria	May 2021	Yes	Collab with Christies's	Art film issued as a 1:1 NFT	Collection	–	Awareness	Brand affection
Gucci Garden	May 2021	No	Collab with Roblox	Virtual experience on Roblox	Experience	–	Awareness	Brand affection
SUPERGUCCI	Jan 2022	Yes	Collab with SUPERPLASTIC	Ultra-limited collection of NFTs	Collection	Rarity	Acquisition	Self-expression, status
10KFT Gucci Grail	March 2022	Yes	Collab with 10KTF	Gucci outfits for holders of 11 PfP-NFT collections	Collect	Rarity, enhance existing NFT	Acquisition	Self-expression, identity, status
Gucci Town	May 2022	No	Collab with Roblox	A virtual place place to discover more about the House and its heritage.	Experience & connect	Entertainment	Awareness	Belonging
Vault Art Space	June 2022	Yes	Collab with SuperRare	Experimental online art gallery	Collect	Rarity	Acquisition	Self-expression, status
Gucci Vault Land	Oct 2022	Yes	Collab with The Sandbox	Play-to-know experience that educates users about Gucci's heritage through gamification.	Experience, play, learn	Entertainment	Awareness	Brand affection
Otherside Relics by Gucci	April 2023	Yes	Collab with Yuga Labs	Limited edition pendants for NFT holders of Yuga's "Otherside" virtual world.	Collect	Rarity, enhance existing NFT	Acquisition	Self-expression, status
Gucci Material NFTs	July 2023	Yes	Collab with 10KTF	Holders could exchange their tokens for physical, limited-edition Gucci products	Access	Gain access to exclusive products	Acquisition	Self-expression, identity, status

www.dematerialzd.xyz

图 5.20　古驰的 NFT 营销（来源：Dematerialzd.xyz）

　　所有这些看似零散、没有规律的营销活动其实都被一条暗线支配，所有营销活动的落脚点都指向古驰推行的实验性空间——Gucci Vault。"我们称其为金库，因为金库是美丽事物的存储场所"，Gucci Vault 不仅是一个象征性的虚拟建筑，更是古驰将传统奢华与数字未来融为一体的元宇宙空间。

1. 策略层：合作

最好的品牌本质上是有文化底蕴的，困难的是品牌是否可以不断吸收、接纳甚至融入新的文化，兼容并蓄为我所用，合作是强化文化融合的有效方法，对于知名品牌来说也是进入市场的低风险选择。古驰在合作方面表现出色：

· 与 Superplastic 合作推出 Supper Gucci NFT 系列。

· 与 Wagmi-san 合作推出 10KTF Gucci Grail 系列。

· 与 SuperRare 合作推出 Vault Art Space。

· 与 The Sandbox 合作带来 Gucci Vault Land。

2. 执行层：大胆实验

鉴于 Web3 技术可能对品牌传统构成风险，古驰对 Web3 技术的尝试无疑是令人钦佩的。比起其他奢侈品同行保守的姿态，古驰再次从文化底色上显示了与众不同的反叛与创意。古驰的 Web3 计划得到母公司的全力支持，他们建立了内部 Web3 团队，并为员工启动了有关 NFT 和元宇宙的内部教育计划。古驰尝试与不同的 Web3 交易市场、元宇宙、NFT 品牌合作；尝试推出 NFT、虚拟形象、虚拟店铺等不同类型的数字资产；尝试利用线上、线下结合等营销模式……这些大胆实验为古驰在 Web3 领域的成功提供了非常宝贵的经验。但是很显然，这些尝试还没有转化为连贯的、长期的 Web3 战略，还需要古驰和母公司开云集团的持续投入与建设。

奢侈品品牌比起消费品品牌离消费者更遥远，这曾经是建立品牌定位的一部分，但是在 Web3 时代这一切正在被消解。古驰在社区参与方面显得更谨慎，但很可惜，这正是 Web3 文化里很重要的一部分。面向未来，Gucci 需要决定是否建立一个支持 Web3 的社区，以及如何让自己的 Web3 计划对更广泛的受众更具吸引力。这里有几个很重要的问题：

· 社区对我们的品牌重要吗？

· 我们如何更多地自下而上而不是自上而下地建立我们的品牌？

· Web3 对于我们的主品牌有多重要？

· 我们对古驰数字化未来的愿景是什么？

3. 愿景层：重构品牌文化

古驰把 Web3 视为一种工具，认为它可以解决新时代消费者对奢侈品不断疏离的问题。新时代的奢侈品营销策略必然是与价格无关的，它更关乎文化、社区与价值观。古驰明白 Web3 为奢侈品品牌提供了一个更具协作性、分散性和个性化的品牌体验机会，而不是自说自话式的老套做派。它意识到 Web3 可以将传统的奢华概念粉碎成数千个碎片并转变为新时代消费者更亲近的数字资产。

2022 年，古驰实现了约 112.2 亿美元的总收入，其中只有约 1160 万美元来自 NFT。但是对于新领域的尝试和探索不能仅仅关注实际收入。在过去三年，古驰一直处于 Web3 的探索阶段，这些探索正在重塑品牌在 Z 世代消费者心目中的形象，这些价值将在不远的未来慢慢兑现。

第6章

站在未来的边界

　　NFT诞生自不经意的极客探索，每一次新的范式出现都是因为底层技术有了新的突破。这些技术大到以太坊和智能合约的诞生，小到区块内存增加，每一种技术革新都会给NFT带来新的启发和探索。本章主要讨论NFT领域一些可能成为大事件的趋势，以技术铸筋骨，以文化生血肉，综合展望NFT的下一波大变革。

6.1 **底层技术引来新范式**

在第 1 章我们已经了解了 NFT 的技术标准，主要指的是以太坊区块链上的标准，包括常见的 ERC-721、ERC-1155 以及围绕它们做微调的各种变种。这一节我们介绍正在讨论或刚被采用的一些新技术标准，以及这些标准可能给 NFT 带来的新功能、新玩法。在了解以太坊 NFT 技术标准之前还需要了解一个概念叫作 EIP（图 6.1）。

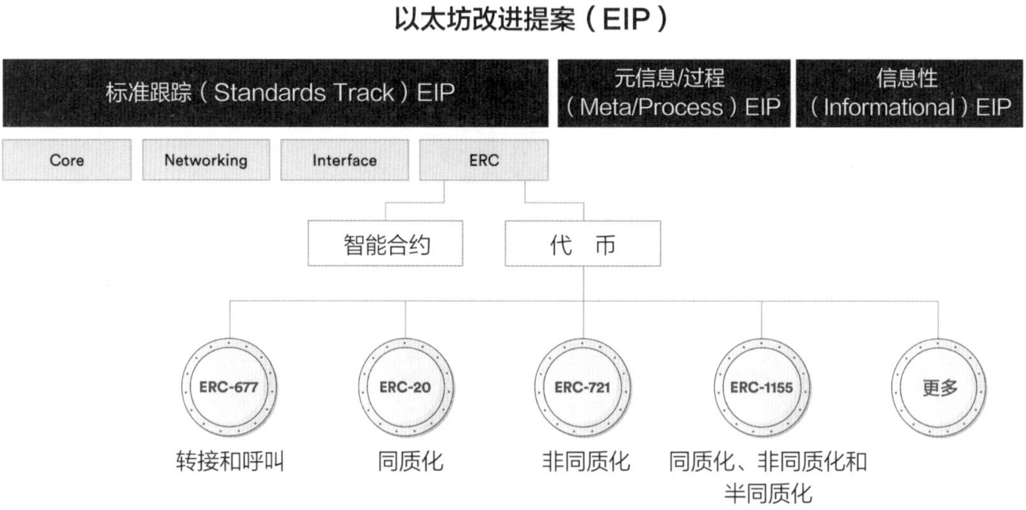

以太坊改进提案（EIP）

标准跟踪（Standards Track）EIP	元信息/过程（Meta/Process）EIP	信息性（Informational）EIP
Core　Networking　Interface　ERC		

智能合约　　代　币

ERC-677	ERC-20	ERC-721	ERC-1155	更多
转接和呼叫	同质化	非同质化	同质化、非同质化和半同质化	

图 6.1　EIP 结构图（来源：Chainlink 官网）

EIP 指的是"以太坊改进提案"（Ethereum Improvement Proposal），它是以太坊社区用来提出和讨论对以太坊网络进行改进的标准化提案的系统。每个 EIP 都是一个技术规范，其中包含对以太坊协议的改进或新功能的详细描述。EIP 的目的是促进社区协作，使得对以太坊协议的变更能够经过广泛的讨论。提案可以涉及协议的任何方面，包括核心协议、以太坊虚拟机、网络协议、客户端规范、合约标准等。

EIP 分为几个不同的类型，不同类型代表提案所处的不同阶段和目的，一些常见的 EIP 类型包括：

- Core EIP：这些提案对以太坊协议的核心部分进行修改，包括协议升级、改进虚拟机规范等。

- Networking EIP：这些提案涉及以太坊节点之间的通信和网络层面的改进。

- ERC：这是一种特殊类型的 EIP，用于制定以太坊的标准规范，包括代币标准、合约接口等。

- Meta EIP：这是用于提出关于 EIP 过程本身的提案，例如，改进 EIP 的流程或规则。

每个 EIP 都有唯一的编号，其格式为"EIP-××××"，其中，×××× 是一个数字，也就是提案的顺序编号，比如 ERC-721 就是第 721 个被提出的 EIP。EIP 的生命周期包括 Draft（草案）、Accepted（已接受）、Final（最终）等阶段。一旦 EIP 被最终接受，相应的改进或新功能就可以在以太坊网络的未来升级中实施。从以太坊官网可以找到上百个 NFT 方向的技术标准，涵盖 NFT 许多应用场景，也弥补了过去标准中的很多缺憾。我们试着把这些 EIP 分成几个值得关注的大方向，通过技术标准来窥探未来 NFT 的可能性。

1. 可组合性

NFT 生来是独一无二的、孤立的，每个项目都在发行自己的 NFT 资产，不同的 NFT 之间相互隔离，没有交互，没有可组合性。在现实世界，实物资产可以进行各种有机组合，数字世界的资产却无法交互操作、互相组合，这多少有些缺憾。所以一些开发者提出了类似 EIP-998、EIP-1803 等标准化建议，尝试让各种 NFT 资产可以自由组合。

具体来说，可组合性是指 NFT 具有可交互和可组合的特性，使其可以与其他数字资产、智能合约和应用程序进行无缝整合。这一特性为创作者、开发者和用户提供了更丰富、更有趣的数字体验，推动了数字经济的创新。以下是 NFT 可组合性一些可能出现的应用场景：

- 整合多媒体元素：艺术品 NFT 可以与音乐 NFT 甚至虚拟现实（VR）元素等组合，创造更丰富的数字体验。

- 跨项目互操作性：NFT 可以在不同的区块链平台上发行，通过互操作性，用户可以将它们组合在一起，创造独特的数字收藏品。

- 游戏内组合：NFT 可作为数字游戏中的角色、道具或地图元素，使玩家能够在不同游戏中交换和使用自己的数字资产。

· 创作者权益组合：具有 EIP-2981 标准的 NFT 可以与其他 NFT 合并，实现多个创作者之间的版税共享。

· 数字身份和身份验证：NFT 可以用于数字身份验证，通过多个 NFT 组合构建更完整、更可信的数字身份。

· NFT 质押和借贷：NFT 可以被用作质押资产，与其他数字资产一同参与去中心化金融（DeFi）的贷款和借贷。

游戏是最需要组合性的项目，Yuga Labs 推出的元宇宙游戏 Otherside 就推出了一个功能，允许不同的 PFP 类 NFT 所有者快速"换身"进入虚拟世界，这本质上就是可组合性的一种方式。另外一个场景是策展，策展人通常需要从不同的艺术品 NFT 中选取单一作品，最终组成一个经过精心组合的新艺术展，这种场景如果有可组合的技术标准将更加容易实现。

NFT 的可组合性在区块链社区受到广泛关注，有几个 EIP 提出了相关的标准，以支持 NFT 的互操作性和可组合性。以下是一些主要的 EIP，它们在不同方面推动了 NFT 的可组合性：

· EIP-998（图 6.2）：可组合非同质化代币标准（Composable Non-Fungible Token Standard，NFT Composables），EIP-998 允许将多个 NFT 组合成一个 NFT，创建复杂的 NFT 结构，主要通过在合约中嵌套多个 NFT 合约来实现，创建出具有层级结构的组合 NFT。

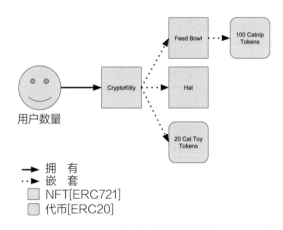

图 6.2 EIP-998 逻辑示意图（来源：Github）

- EIP-1155：EIP-1155 引入了多类代币（Multi-class Token），其中每个代币都可以是非同质化（NFT）或可互换（FT）的。这样的标准使得在同一个合约中可以管理多种不同类型的代币。主要通过使用单个合约来管理多类代币，每个代币都具有自己的属性和行为。

- EIP-1151：EIP-1151 引入了非同质代币接收事件（Non-Fungible Token Received Even），该事件使得智能合约能够在接收到 NFT 时做出相应的响应。主要通过提供一个新的事件 Received，当 NFT 被转移到合约地址时触发，使得智能合约可以在接收到 NFT 时执行逻辑。

- EIP-2981：EIP-2981 定义了 NFT 版税标准（NFT Royalty Standard），允许在 NFT 交易中定义和分配版税。主要提供 RoyaltyInfo 结构和相应的事件，使得创作者能够设置和收取 NFT 交易的版税

- EIP-1803：EIP-1803 提出了核心扩展（Core Extension），为 NFT 标准引入了更多功能，包括简单、多样化和复合型 NFT。主要通过定义新的接口和结构，扩展现有的 NFT 标准，以支持更丰富的功能。

这些 EIP 为 NFT 的可组合性提供了技术基础，使得 NFT 能够更灵活地与其他数字资产、合约和应用程序进行集成和交互，这种标准的制定有助于构建更加开放、创新和丰富的 NFT 生态系统。

2. 可租赁性

可租赁性是指 NFT 的所有权和使用权可以被分离，NFT 的所有者可以将使用权租赁给他人，而保留所有权。这种机制增加了 NFT 的流动性，同时也为 NFT 的所有者提供了一种新的赢利方式。在传统的物品租赁市场，所有权和使用权的分离是常见的。例如，我们可以租赁一辆汽车或一套公寓，而不需要买下它们。在租赁期间，我们可以使用这些物品，但所有权仍然属于原来的所有者，租赁结束后，使用权将返回给所有者。然而，在区块链世界中，实现这种所有权和使用权的分离并不容易。因为在区块链上，一个地址要么拥有一个 NFT，要么不拥有。这就意味着，如果我们想让别人使用自己的 NFT，必须将 NFT 转移到他们的地址，但这样做就会丧失对 NFT 的所有权。为了解决这个问题，技术人员提出了 NFT 的可租赁性（图 6.3）。

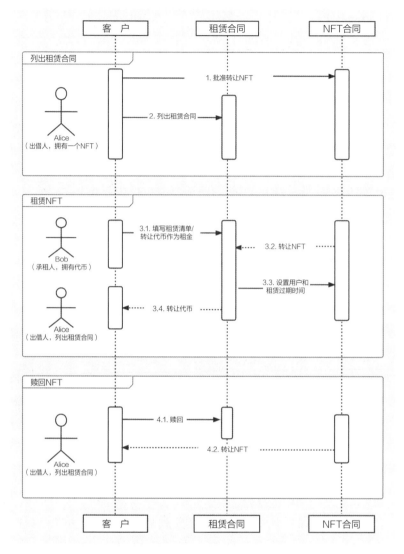

图 6.3　NFT 的可租赁性

通过在智能合约中添加额外的逻辑，可以使 NFT 的所有者将使用权租赁给他人，而不需要转移所有权。这就像是在区块链上创建了一个"虚拟的使用权"，可以独立于所有权进行转移。例如，假设我们拥有一个稀有的虚拟宠物 NFT，我们可以将使用权租赁给他人，让他们在一段时间内使用这个虚拟宠物。在这段时间内，他们可以享受拥有这个虚拟宠物的乐趣，而我们则可以通过租金获得收益，租赁结束后，使用权将自动返回给你。这种模型类似于传统的租赁或授权概念，但在区块链和 NFT 领域中，它引入了一些独特的特性：

- 时间限制：租赁通常是有时间限制的，即租户只能在租赁期间使用 NFT，到期后 NFT 将返回给所有者。

- 智能合约：可租赁性通常通过智能合约来实现，智能合约定义了租赁的规则，包括租赁期限、租金等。

- 灵活性：这种模型允许 NFT 所有者灵活地决定是否愿意租赁他们的 NFT，以及在租赁期间允许租户进行何种使用。

- 新的商业模式：可租赁性创造了新的商业模式，使得 NFT 更广泛地参与到创作者和用户的交互中。

- 分账机制：租赁合同中通常包括分账机制，确保 NFT 的创作者或所有者在 NFT 被租赁时能够获得一定的报酬。

与 NFT 的可租赁性相关的 EIP 主要涉及标准化和智能合约的改进，以支持 NFT 租赁模型。EIP-717、EIP-2615、EIP-4907 等技术标准在这方面做出了一些探索：

- EIP-717：旨在提供一个可扩展的 ERC-20 兼容性标准，同时支持 NFT 租赁和授权功能。通过引入了 **approveAndCall** 函数，允许 NFT 所有者通过一次交易完成批准和调用租赁合约的操作，通过在智能合约中添加一个接口实现 **approveAndCall** 函数，该接口允许合约在接收批准的同时执行自定义的逻辑。租赁合约可以在接收到代币所有者的批准后执行租赁相关的逻辑，如设置租赁期限、处理租金等。

- EIP-2615：引入了一种机制，允许合约覆盖 NFT 的所有权，并在特定条件下将 NFT 的所有权授予其他用户，这为租赁场景提供了更灵活的所有权控制。ERC-2615 通过引入 **transferOwnership** 函数，允许合约所有者将所有权转移给其他用户，这个过程在智能合约中实现，并受到自定义逻辑的控制。租赁合约可以使用 **transferOwnership** 函数来实现租赁过程，确保在租赁期间新的所有者能够使用 NFT。

- EIP-4907：这是一个以太坊新标准，由 NFT 租赁市场 Double Protocol 提出，已经通过了以太坊开发团队的最终审核。EIP-4907 作为 ERC-721 的扩展，增加了一个用户信息（**UserInfo**）变量，变量包含用户（**User**）

地址以及"出租到期时间（**userExpires**）"。当时间超过出租时间，租赁关系中止。这个标准的核心价值是为区块链上的"原生租赁"提供技术支撑，实现 NFT 的所有权和使用权的分离，是解决 NFT 流动性短缺问题的重要基础设施。

· EIP-5006：这是一个针对 ERC-1155 型 NFT 的租赁标准，也是由 NFT 租赁市场 Double Protocol 提出，已经进入最后审核阶段。这个标准建议在 NFT 元数据中增加一个额外的新字段用户（**user**），可以代表资产用户（**user**）而不是所有者（**owner**）的地址。

总的来说，NFT 的可租赁性为 NFT 市场带来了更大的流动性和更多的可能性。它不仅可以帮助 NFT 的所有者获得收益，也可以让更多的人有机会体验到稀有和珍贵的 NFT。然而，这也带来了一些新的挑战，比如如何确保租赁的公平性，如何防止滥用等，这些问题需要我们在实践中不断探索和解决。

3. 现实资产

NFT 通常用于代表数字资产，例如，数字艺术品、虚拟地块、虚拟物品等，而 RWA（Real World Assets，现实世界资产）则是指现实世界中的实物资产，如房地产、贵金属等。将 NFT 用于代表现实资产（RWA）是通过将实际的物理资产或金融资产与数字化代币进行关联来实现的，以下是一些常见的方式：

· 通证化资产：将实际资产（比如房地产）数字化，然后将其与 NFT 关联。这涉及将实际资产的权益和所有权以数字形式进行记录，并通过智能合约将这些权益映射到相应的 NFT 上，这样，NFT 就成为现实资产的数字代表。

· 链上存储和验证：使用区块链上的智能合约和存储功能，验证 NFT 代表的实际资产的真实性。这样，持有特定 NFT 的用户就可以在区块链上验证其对实际资产的所有权或权益。

· 法律合规：将代币化的资产与法律合规框架相结合，确保 NFT 的发行和交易符合当地法规。包括确保数字化的资产通证化过程是合法的，持有 NFT 的用户在法律上拥有相应的权益。

· 智能合约控制：通过智能合约规定资产的使用、转让和其他条件，以确保 NFT 所有者在现实资产上的权益得到尊重和保护。

　　举例来说，一家公司可能会将其房地产资产进行数字化，并将这些数字资产与NFT进行关联。持有特定NFT的投资者可以在区块链上验证其对这些房地产的所有权，并在需要时进行转让。这种方式使得实际资产的所有权更容易转移和分割，同时为投资者提供了更灵活的资产管理选项。值得注意的是，NFT作为实际资产的代表仍在不断发展，需要综合考虑法律、技术和市场因素。技术人员针对这个方向的探索也提出了一些标准建议，其中有一些还在讨论中：

- EIP-4519（图6.4）：这个提案是为了创建一种NFT，代表可以生成或恢复自己账户并复用用户的物理资产。这种NFT可以用于建立物理资产、其所有者和用户之间的安全通信渠道。

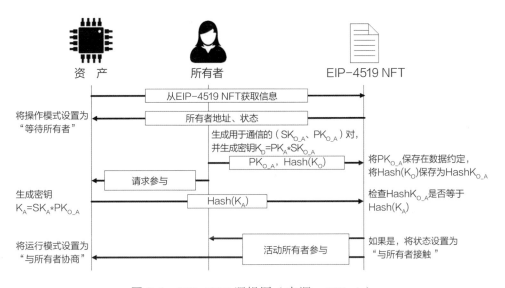

图 6.4　EIP-4519 逻辑图（来源：Github）

- EIP-5050：这个提案定义了一种广泛适用的消息协议，用于在NFT之间传输用户发起的行动。通过可选的状态控制器合约（即环境）实现模块化的状态性，并提供对行动过程的仲裁和结算。

- EIP-5791：这个提案是ERC-721的扩展，它提出了一种最小接口，使ERC-721 NFT能够"实物支持"，并由拥有NFT实物的人拥有。这个提案的目标是创建一种简单的解决方案，使得NFT收藏家可以收集数字资产，并在线与他人分享，同时也可以展示经过验证的物理资产作为NFT。

NFT可以代表的现实世界资产包括但不限于房产、汽车等实物资产股票、基金等金融资产，身份证件、生物基因等数字身份，流量、IP 等数据权益，甚至一首歌曲、一张照片、一串代码都可以用 NFT 代表。未来，任何人都可以轻松便捷地将其权益转化为 NFT，并将其出售或拍卖，实现多类型 NFT 的自由流通。

 6.2　CC0 版权新突破

NFT 最大的特性之一就是完成了资产的确权，让数字资产可以根据区块索引、登记确认版权归属，另外一个问题是，NFT 自身的版权又是如何管理的？尤其是对于商业版权是如何规定的？ NFT 的发行机构包含类似耐克、星巴克这样的传统品牌公司，也包括 Web3 原生的新公司、DAO，NFT 的版权正处于过渡阶段，CC0 的版权模式把 Web3 原生的创作者经济又向前推进了一步。

6.2.1　什么是 CC0 NFT？

要了解什么是 CC0 NFT，首先需要了解有关知识产权法、版权材料使用许可，以及 NFT 版权的知识。

知识产权所有权分为三个法律类别：商标、专利和版权。创作者创作一件艺术作品时，他们就拥有该作品的版权，这是知识产权比较普遍的一种标准形式。各国对版权的保护有很大差异，具体取决于当地的知识产权（IP）法。在美国，商标可以进行知识产权注册，以防止其他人未经许可将其用于类似的服务或商品。版权与商标不同，它不需要在美国专利商标局（USPTO）注册，而是在作品创作时就存在。如果它是由个人（例如一本书的作者）创作的，则版权从其创作之日起一直持续到作者去世后 70 年。此后，该作品进入公共领域，不再受版权法保护。我们比较熟悉的公共领域的一些作品包括《德古拉》和贝多芬的流行古典作品《致爱丽丝》。如果有人要在音乐会上演奏《致爱丽丝》，他们不需要获得许可，只需将这首曲子署名作曲家贝多芬即可。

现在，让我们看看这对于想要使用受版权保护的材料的人意味着什么。拥有知识产权的个人或团体可以控制作品的使用方式，如果他们希望其他人能够使用它，就必须决定授权哪些范围给其他人。例如，我们会发现一些百科类网站的插画下会标记一个 CC0 标志（图 6.5），表示原作品的艺术家已决定将 CC0 许可权赋予该图像。

图 6.5　CC0 标志

根据知识共享（Creative Commons）的定义，CC0 本质上意味着没有版权。以下是对 CC0 许可证下作品允许的用途的正式解释："将作品与本契约联系起来的人，在法律允许的范围内，放弃了他或她在全球范围内对该作品享有的所有权利，包括所有相关和邻接权，从而将该作品奉献给公共领域。你可以复制、修改、分发和执行该作品，甚至可以用于商业目的，而无须征求许可。"也就是说，遵循 CC0 版权协议的作品已经允许被提供给所有人自由使用，甚至可以用于赢利，而无须联系版权所有者寻求许可。这是版权许可的一种形式，当然还有很多其他形式的版权许可，比如"CC BY 2.0"，这种版权许可允许其他用户自由共享或编辑图像，但必须通过在标题中写下他们的名字或链接到他们的网站来注明其所有者。

定义 CC0 的知识共享是一个非营利组织，致力于简化版权转让和创意工作。虽然他们不是政府机构，但依旧是全球知名和值得信赖的组织，他们创建了一系列版权许可协议以填补现有版权制度的空白。这些许可协议称为知识共享许可协议，所有许可证均免费提供，无须注册任何服务。许可证可以作为插入到媒体文件或文档中的一段代码来应用。现有版权许可协议包含 4 种权利和 7 种许可模式。

根据知识共享许可协议获得授权的作品受适用的著作权法管辖。允许将知识共享许可协议应用于所有受著作权保护的作品，包括书籍、戏剧、电影、音乐、文章、照片、博客和网站等。在知识共享原始设定中，版权许可协议包含 4 种基本权利，见表 6.1。

表 6.1　版权许可协议

标　志	权　利	备　注
![署名]	署名 （Attribution，BY）	用户可以复制、发行、展示、表演、放映、广播或通过信息网络传播本作品；必须按照作者或者许可人指定的方式对作品进行署名
![相同方式共享]	相同方式共享 （Share Alike，SA）	用户可以自由复制、散布、展示及演出本作品；若改变、转变或更改本作品，仅在遵守与本作品相同的许可条款下，才能散布由本作品产生的派生作品
![非商业性使用]	非商业性使用 （Noncommercial，NC）	用户可以自由复制、散布、展示及演出本作品；不得为商业目的而使用本作品

标　志	权　利	备　注
⊜	禁止演绎 （No Derivative Works，ND）	用户可以自由复制、散布、展示及演出本作品；不得改变、转变或更改本作品

混合搭配这些权利可产生 16 种组合，部分组合见表 6.2。16 种组合中有 4 种无效组合（同时包括"ND"和"SA"的条款），相互排斥；还有一种没有包括任何条款，因此，有 5 个组合无效。11 种有效组合中，因为 98% 的特许人要求署名，5 种缺乏"BY"的条款不再使用。

表 6.2　16 种组合

图　标	说　明	缩　写	署名要求	混合作品	允许商用	自由文化	OKI 开源
	不受限制地在全球范围内发布内容	CC0	否	是	是	是	是
	署名（BY）	BY	是	是	是	是	是
	署名（BY）－相同方式共享（SA）	BY-SA	是	是	是	是	是
	署名（BY）－非商业性使用（NC）	BY-NC	是	是	否	否	否
	署名（BY）－非商业性使用（NC）－相同方式共享（SA）	BY-NC-SA	是	是	否	否	否
	署名（BY）－禁止演绎（ND）	BY-ND	是	否	是	否	否
	署名（BY）－非商业性使用（NC）－禁止演绎（ND）	BY-NC-ND	是	否	否	否	否

CC0 协议允许科学家、教育家、艺术工作者以及其他组织在全球范围内放弃版权，把作品最大程度地推入公共领域。虽然放弃了版权，但因为全球各地版权法案的复杂性，CC0 真正想实现的是帮助版权方主动性选择不保留任何权利。CC0 是一种通用工具，不适用于任何特定法律管辖区的法律，接近很多开源软件的许可模式。

CC0 被广泛应用于各种公共产品（Public Goods），比如大都会艺术博物馆馆藏中的所有公共领域图像都在 CC0 协议下共享。这些数字资产包括 37.5 万多张图像以及跨越 5000 多年的 42 万多件博物馆藏品的数据。另外，欧洲数字图书馆 Europeana 也为超过 2000 万条数字资产记录赋予了 CC0 协议，让全世界的开发人员、艺术家和其他创作者都可以共享人类智慧结晶。

6.2.2 CC0 对于 NFT 意味着什么？

我们已经确定了什么是版权，那么它与 NFT 又有什么关系？一个不为人知的事实，除非明确说明，NFT 所有者通常并不拥有其 NFT 的所有权利。他们可能拥有 NFT，但可能不允许他们改编（即编辑）NFT 或起诉他人侵犯 NFT 的版权，也不能将其改编成其他图像或演绎、发布成自己的图像。非 CC0 NFT 的一个例子包括 Bored Ape Yacht Club，我们已经看到了其与衍生 NFT 项目的一些版权纠纷。当然，在某些情况下，NFT 项目会授予其所有者对 NFT 的有限版权，例如 Cryptokitties。Cryptokitties 的所有者被授予每年从 NFT 收入中获得高达 10 万美元的权利。

另一方面，一些 NFT 创作者则乐于开放自己的作品版权，允许并鼓励用户、社区进行衍生创作甚至是商业开发。例如 CrypToadz 和 Nouns，允许将 NFT 用于商业目的，无须归属于原始创建者。这解决了 NFT 世界的版权问题。创作者可以自由地授权他人以任何他们想要的方式使用作品。这使得 NFT 背后的社区能够将 NFT 改编成其他形式的内容，从而为项目增加价值。由于区块链将永久记录 NFT 的创建者和所有者，因此，可以说 CC0 NFT 改变了我们对数字资产知识产权和版权的看法。

对于许多这样的 CC0 项目，收藏家可以自由地对艺术品做任何他们想做的事，这似乎弥补了实用性和路线图的缺乏。许多著名的 CC0 NFT 项目已经成功跻身 NFT 市场排行榜。这表明 CC0 属性也是活跃投资者在购买 NFT 时寻找的特征之一。如果想要详细了解 CC0 给 NFT 及 NFT 社区带来的影响，我们需要先了解 CC0 和 NFT 的关联究竟是如何运作的。

1. CC0 NFT 如何运作

NFT 是存在于区块链上的数字资产，每个 NFT 都是唯一的，可以用作特定物品所有权的验证。那些不熟悉 NFT 的人很容易感到困惑，因为拥有 NFT 并不一定意味着拥有实物资产，并不像买一幅画、一所房子那些好理解，这使得在购买 NFT 时很难理解你真正"拥有"的是什么。许多 NFT 社区通过为 NFT 所有者

提供独家商品、会员准入社区、专属活动和其他福利来巩固 NFT 的价值并提高其价格，在 NFT 世界中，这些被称为"效用"（Utility），但也有许多人认为 NFT 所有权的真正价值在于知识产权的价值。

当有人购买 CC0 许可的 NFT 时，他们的所有权就会记录在区块链上。也就是说，购买 CC0 NFT 时，所有者就在区块链的元数据里宣布了对该作品的所有权，这可能会赋予所有者按照自己认为合适的方式修改或使用 NFT 的权利。作为最宽松的知识共享许可协议，CC0 使 NFT 创作者能够出于任何目的与任何人分享其全部作品。例如，全球著名的 CryptoPunks 被 Yuga Labs 收购后，在 2022 年 8 月宣布将 CryptoPunks NFT 设置为 CC0 许可协议，现在 CryptoPunks 所有者可以通过多种方式使用 NFT，包括营利性衍生项目。在许多情况下，NFT 的最大价值并不在于其附加的元数据或小图片，相反，它存在于所有权记录中，所有权记录记载着所有者按照自己的意愿使用知识产权的权利，而这一点是许多收藏者并没有注意到的。

NFT 创作者允许 CC0 许可协议的重要原因之一是它能够促进社区繁荣发展，社区的集体努力可以开发出新的 IP，每个成员都可以增加 NFT 的价值。这种模式的力量不容小觑，许多 NFT 社区正是靠着二创而蓬勃发展。每当讨论创意作品和版权时，数字所有权都是一个热门话题和关注点。通常艺术家创作音乐、艺术品或文学时，他们拥有作品的所有权利，只有他们才能决定作品的使用方式，CC0 改变了游戏规则。认识到这一点，越来越多 NFT 创作者选择走 CC0 NFT 路线，创造的不仅是一个小图片或一段音乐，而是一场具有无限潜力的社区活动。

2. CC0 NFT 的优缺点

对于 CC0 NFT，宽松版权带来的社区繁荣是明显的优点，但它同样存在一些隐性缺点。好消息是，CC0 许可协议是一个不断进化的协议，NFT 也在发展之中，遇到问题、解决问题、形成标准，这是一切创新事物发展必经的过程。

3. 版权问题

CC0 NFT 最大优点的之一是它以一种温和的方式解决版权问题。也就是说，每个人都承认艺术作品具有价值，并且乐意进行传播和演绎。因此，即使 CC0 NFT 创作者允许其他人免费使用他们的作品，他们也可以从智能合约控制的 NFT 销售中获得版税和其他收入，同时继续做他们喜欢的事情——艺术创作。

4. 可追溯性

区块链的透明性和可追溯性让 CC0 NFT 可以轻松追踪，因此作品的原始作者是很难被篡改、冒充的。从另外一个角度来说，也无法掩盖创作者是谁，因为一切都公开、透明地记录在区块链上。

5. 增加价值

使用 CC0 许可协议的另一个优势是它可以提高 NFT 的知名度，通常会使得 NFT 社区异常繁荣，轻松自由的创作协议，盈利或非盈利模式的版权开放，无形之中为原始 NFT 增加了巨大价值。

6. 缺乏控制

CC0 NFT 的创作者无法控制其作品的使用方式，也就是说创作者无法控制其作品被用在红酒上还是厕纸上。另外一个麻烦的事情是，很多竞争对手会滥用 CC0 生产或仿冒高度相似的 NFT，自由的另外一个极端就是混乱。如果一个极端主义团体使用艺术家的 CC0 图像来煽动暴力，并且该图像成为病毒式传播素材，这种情况可能会损害艺术家、NFT 社区和艺术品本身的声誉。

7. 低质量的作品

CC0 NFT 的开放性可能导致出现大量非原创或低质量的作品。由于任何人都可以创建 CC0 NFT，而不必担心侵权问题，因此，衍生品可能会激增。虽然有些 NFT 可能会获得收益，但低质量作品涌入 NFT 市场可能会掩盖、淡化或破坏原始项目的独特品质。

6.2.3　值得关注的 CC0 NFT

1. Goblintown（图 6.6）

有人说它丑陋，有人喜欢它的独特。无论哪种情况，Goblintown 都在 NFT 领域掀起了巨大波澜。该系列的 10 000 个头像 NFT 全部都是 CC0 NFT，因此 NFT 所有者可以按照自己的意愿将它们商业化。在包括 Steve Aoki 在内的多位 NFT "巨鲸"的支持下，Goblintown 及其衍生品一度占据 OpenSea 市场交易量的 43.7%。

图 6.6　Goblintown（来源：Goblintown 官网）

2. Mfers（图 6.7）

Mfers 由 Sartoshi 发起，对某些人来说它看起来像一个模因项目。Mfers 没有复杂的网站、没有路线图也没有实用功能。Sartoshi 甚至将 Mfers 的控制权也移交给了社区。然而，这些火柴人最初以 0.7 ETH 的价格铸造后，一些稀有品种的售价高达 11 ETH。更夸张的是，网络上随处可见基于 Mfers 的创作，事实上，二度创作已经让 Mfers 成为新的模因角色。

图 6.7　Mfers（来源：Mfers 官网）

3. Nouns（图 6.8）

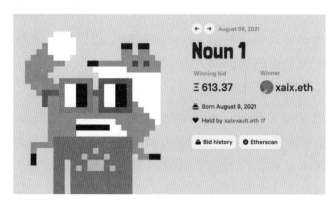

图 6.8　Nouns（来源：Nouns 官网）

　　Nouns 是最早的 CC0 NFT 之一。它由一群知名的 NFT 收藏家推出，在 CC0 许可协议的允许下已经被用于各种项目，包括与百威啤酒的合作，以及创建 Nouns 眼镜和咖啡品牌。Nouns 可以说是迄今为止最成功的 CC0 NFT 之一，创作者已经赚了超过 1 亿美元，但他们选择将所有拍卖 ETH 的收益都捐给 Nouns DAO。

4. CrypToadz（图 6.9）

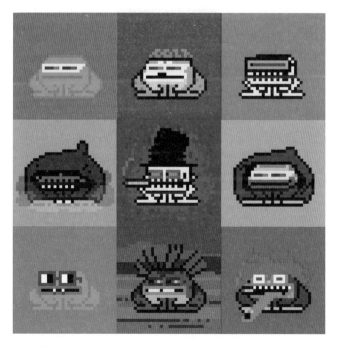

图 6.9　GrypToadz（来源：CrypToadz 官网）

是什么魔力让 CrypToadz 很快就获得 NFT 项目的顶级地位？原因有很多，但 CC0 许可协议应该是其中一个重要的原因。CrypToadz 由著名匿名艺术家 Gremplin 构思，灵感源自标志性的 CryptoPunks。凭借混搭的创意和 CC0 许可协议，以 CrypToadz 为主题的模因图片曾经充斥 Web3 空间，很多人都是通过这些恶搞图了解的这个项目。

NFT 领域仍处于起步阶段，随着越来越多的艺术家和创作者进入 NFT 领域并成为创作者，越来越多的 NFT 项目将启动。近两年，NFT 领域出现了一种新的经济模式，NFT 艺术家和创作者意识到依赖单个小型社区来分发一项创作根本无法大规模推广，CC0 让这个问题迎刃而解。收藏家、艺术家、游戏开发者和 CC0 NFT 所有者正在享受随心所欲地使用 NFT 的魔力，成功的 NFT 项目正在影响更多创作者向 CC0 许可模式的转变。

6.2.4　个案研究：MADE BY APES

CC0 在带给 NFT 更大自由度的同时也引发了一些混乱。Moonbirds NFT 把版权修改为 CC0 引起了社区的强烈反对，这种"一刀切"的做法被社区视作一种不负责任的软跑路（soft rug）。绝对的自由等于不自由，创作者在创建 NFT 时天然都寄托了某些精神，如果只是简单地把所有权丢给社区，所有者通常并不具备比创作者更好的能力让 NFT 更有价值。为了避免 CC0 的混乱，Yuga Labs 在商标、版权方面的探索堪称典范，值得 NFT 创建者学习与借鉴。

Yuga Labs 收购 Larva Labs 之后就把 CryptoPunks 和 Meebits 的版权完全免费开放给社区，包括商用版权。在探索了 CC0 之后，Yuga Labs 站在更高的位置重新思考版权与社区之间的关系，在 2023 年为 BAYC 和 MAYC 的所有者推出了一个专有的版权管理平台——MADE BY APES（图 6.10）。

相比于粗放型的 CC0，Yuga Labs 通过系统化分类引导、区块链注册、社区支持等方式引导社区、教育社区正确使用自己的 NFT 版权拓展商业和艺术创作活动。通过登记与验证的 BAYC 和 MAYC 所有者将获得一个"MADE by APES"标志，可以将这个标志放置在任何衍生的创意及产品上。Yuga Labs 与 SaaSy Labs 合作，将这些许可证记录在区块链上，所有者或其他人都可以在区块链上验证和跟踪这些物料的所有权。

图 6.10　MADE BY APES（来源：Yuga Labs 官网）

　　要申请许可证，持有人首先需要用含其 NFT 的数字钱包连接网站，然后按步骤完成许可证注册。Yuga Labs 区分了两种不同类型的许可证——主许可证（Primary License）和产品许可证（Product License）。主许可证是持有人与其特定 NFT 相关的主要许可文件，由许可证编号的前 5 位数字表示。在主许可证下所有者可以添加产品许可证或分许可证，主要用途是区分同一个 NFT 授权的不同类型的产品，由主许可证编号的后 3 位数字表示。对于想要在多个项目或服务中使用其 NFT 的所有者需要注册多个产品许可证，所有者可以申请的产品许可证数量没有限制。例如，如果 NFT 许可是用于 T 恤产品，现在想在啤酒或饮料产品上使用就需要重新注册这个分类的产品许可证。另一方面，对于可能拥有多个 NFT 的所有者，需要为每个 NFT 都单独申请产品许可证。

　　许可证颁发后，所有者可以在他们的项目中使用 MADE BY APES 标志以及对应的 BAYC 或 MAYC NFT 图像（图 6.11）。使用标志必须遵循两个主要规则，首先标志必须"按原样"使用，不得以任何方式更改，包括删除许可证号或加水印，其次标志不能比持有人的 BAYC 或 MAYC NFT 图像更突出。

图 6.11　带有 MADE BY APES 标志的饮料（来源：Yuga Labs 官网）

获得授权的所有者享有商业授权，可以在自己的产品上显示 MADE BY APES 标志，从而增加额外的可信度和亲近感，对大多数用户来说，获得这些许可产品会让他们感觉与 Yuga Labs 这个品牌产生了连接。随着 MADE BY APES 的推出，Yuga Labs 正在快速扩大 BAYC 和 MAYC NFT 的社区建设，授权范围已涵盖酒类、饮料、服装、娱乐、食品、游戏、玩具等 10 多个分类（图 6.12），超过 300 个品牌注册并获得了 MADE BY APES 许可证。

图 6.12　BAYC 和 MAYC NFT 社区（来源：Yuga Labs 官网）

接下来，我们通过一个具体案例来完成一次登记注册流程，以申请 BoredTea 为例。首先打开 MADE BY APES 的官方网站，点击右上角"Request License"，然后在新页面继续点击"Connect Wallet"，这里需要注意，必须使用你存放 BAYC 或 MAYC NFT 的钱包登录。

阅读注册须知之后继续点击"Start"按钮（图 6.13）。接下来就需要选择用

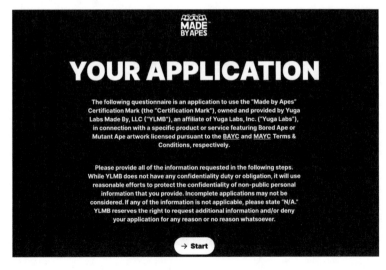

图 6.13　点击"Start"（来源：Popil）

哪个 NFT 作为主申请，如果有多个 NFT，一次只能申请一个项目，暂时还无法直接为多个 NFT 申请同一个许可。我们继续选择准备申请的 NFT，点击"Next"（图 6.14）。

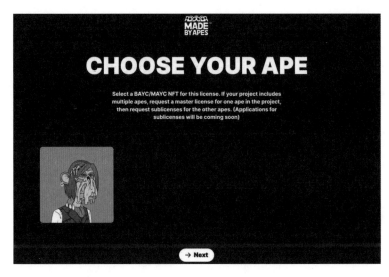

图 6.14　点击"Next"（来源：Popil）

接下来需要选择是以个人身份注册还是以品牌组织或公司法人的身份注册，可以选择的类型包括 LLC、S-Corp、C-Corp、LP、LLP，个人登记与企业登记类似，选择后继续点击"Next"（图 6.15）。

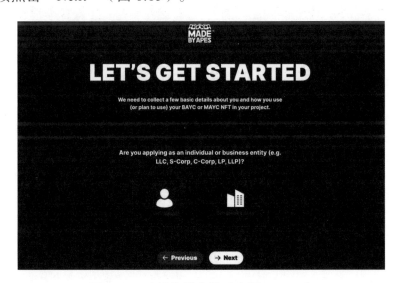

图 6.15　选择注册身份（来源：Popil）

我们以法人身份为例继续申请步骤，在接下来的页面需要填入一些资料，主要包括公司法人姓名、想要申请的行业、联系方式及品牌名称等（图 6.16），填写完毕继续下一步。

图 6.16　填写个人资料（来源：Popil）

项目介绍需要选择和填写一些品牌资料、服务或产品等内容，选择行业、是否有违反行业或品牌原则等行为，并且需要提供品牌的标识、宣传图等物料（图 6.17）。

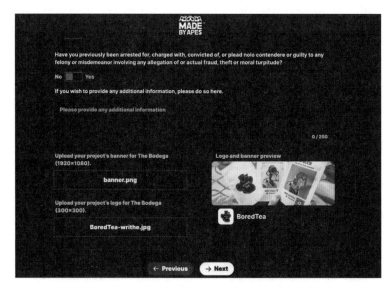

图 6.17　填写项目介绍（来源：Popil）

最后一步查看许可条款并接受，完成提交，切换到 Polygon 网络，用你的钱包完成签名，至此申请流程就完成了（图 6.18）。

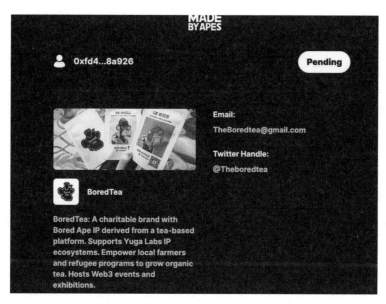

图 6.18　提交申请（来源：Popil）

回到首页就可以看见申请正在审核中，一般需要 7 ~ 14 天可以完成，一旦审核成功就可以利用 "MADE BY APES" 标志与产品或创意组合进行商业化操作（图 6.19）。

图 6.19　使用 MADE BY APES 标志（来源：BoredTea 官网）

6.3 比特币网络 NFT 复古运动

回顾第 1 章 NFT 简史部分，我们会发现最早的 NFT 就诞生在比特币区块链和它的一些侧链、分叉链之上。今天的 NFT 大部分繁荣故事都发生在以太坊上，很多新进圈的玩家知道 NameCoin、Counterparty 的并不多，但这并不妨碍他们对比特币 NFT 的热情，这一切都要归功于 Oridnals——一个比特币区块链协议。由 Ordinals 开始，一场比特币 NFT 的复古运动正在上演。

6.3.1 Ordinals 重燃比特币 NFT 热情

2022 年 12 月，开发者 Casey 提出 Ordinals 协议，通过这个协议可以为每个"聪"（Satoshi）设置独特序列号并在交易中追踪它们。任何人都可以通过 Ordinals 给这些"聪"添加额外的数据，比如文本、图片、视频等。这个想法和十几年前那些想着给比特币染上颜色的极客一样，充满了对比特币网络的尊敬，也一样继承了天马行空的异想天开。

Ordinals 在刚开始时停留在技术讨论的小圈子，远没有进入大众的视野，也没有繁荣的生态系统。早期玩家主要尝试用 Ordinals 来创建 NFT，把一些图片、文字添加到交易块里。事情发展和 Casey 的设想一致，那就是让人们有机会用最简单的方式把一些值得永久铭记的东西刻在比特币区块链上。

与以太坊等其他区块链相比，在比特币网络上铸造 NFT 更加困难。这是由于比特币上的智能合约功能有限、缺乏 NFT 的技术标准以及没有很好的用户界面。在以太坊上，智能合约可以灵活控制 NFT 的全流程和属性，ERC-721、ERC-1155 等非常多的技术标准可以让大量开发者快速入门，OpenSea、Zora 等图形界面也把铸造、转移、销售 NFT 的流程简化到极致。比特币 NFT 的历史实际上可以追溯到 Colored Coins 时期，Colored Coins 是带有标记的比特币，通过给比特币"染色"（添加元数据）可以将它们与标准比特币区分开来，这通常被认为是正式迈向比特币 NFT 的第一步。自 2023 年 1 月 Ordinals 协议正式上线以来，比特币 NFT 重新引起了人们的兴趣，其受欢迎程度和吸引力也大幅飙升，这使得将 NFT 直接铸造到比特币区块链变成一种流行文化（图 6.20）。

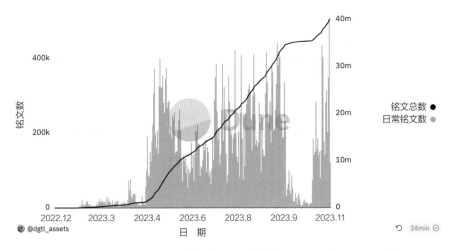

图 6.20 比特币 NFT（来源：Dune）

截至 2023 年 11 月，人们已基于 Ordinals 协议铸造了近 4000 万个铭文（inscriptions），尽管这个数字看起来很大，但仍然有很多人不知道 Ordinals 是什么，更不用说基于它来创建 NFT 了。进入壁垒越高同时意味着潜在的机会和风险也越高，想要动手利用 Ordinals 在比特币区块链上创建 NFT，必须先了解一些基本的概念和名词术语。

每个比特币被分解成 100 000 000 个单位，称为"聪"（satoshi 或 sat）。新的 Ordinals 协议允许操作比特币节点的人用数据铭刻每个"聪"，从而创建称为"序数"的东西。刻在比特币上的数据可以包括智能合约，这反过来又使铸造 NFT 成为可能。表 6.3 给出了 Ordinals 技术术语。

表 6.3 Ordinals 技术术语表

术 语	解 释
inscription	铭文，指被添加到比特币最小单位"聪"上的元数据
Metadata	元数据，包括 NFT 的基础属性，如名称、描述、图片文件（链接指向）
Satoshi	聪，1/100 000 000 个 BTC，通常被缩写为 sat
Token ID	编号，NFT 独一无二的身份符
Witness	见证，涉及特定比特币交易的交易签名

Ordinals 协议为每个"聪"分配了一个序列号。准确地说，每个"聪"都按照开采的顺序编号（即第一个序数是有史以来铸造的第一个"聪"），随后每个"聪"都可以通过比特币交易刻上图片、文字或视频等数据，铭文的大小最大为

4 MB。交易被挖掘后，铭刻的数据永久成为比特币区块链的一部分，我们可以通过支持 Ordinals 的比特币钱包和在线 Ordinals 查看器查看铭文。

每个"聪"的 Token ID 是序列号，而 Ordinals NFT 的元数据是其在交易见证数据中保存的铭文。与其他区块链上的 NFT 相比，Ordinals NFT 的主要优势在于整个元数据都包含在比特币区块链上。换句话说，Ordinals NFT 直接存在于比特币区块链上，而不是与比特币分开的层。其他区块链上的许多 NFT，实际图像文件通常存储在区块链下，元数据仅包含指向图像文件的链接，这意味着，如果艺术品未存储在区块链上，则可能会被第三方更改。

比特币是同质化的、可替代的，这意味着无法区分一个比特币和另一个比特币，Ordinals 协议的出现解决了这个问题（图 6.21）。Ordinals NFT 的关键创新在于提供了一个对每个个体进行编号的系统。这是如何实现的？其实也很容易理解，比特币区块链上的每个"聪"都有一个唯一的 ID，每个序数都会被分配一个唯一编号的"聪"，这是它的工作原理。在序数理论中，单个"聪"按照开采顺序进行编号，第一个"聪"可以追溯到 2008 年。

图 6.21　Ordinals NFT（来源：Chainlink 官网）

6.3.2　诸雄争霸与 BTC 垃圾场

如果 Casey 推出的 Ordinals 协议还停留在技术探索，那么 2023 年 3 月 8 日之后，一切变得不可控制。一个叫 domo 的匿名开发者在 Ordinals 协议上开发了一个技术标准，并命名为 BRC-20。不得不说，这是一个天才级别的命名，让人很容易联想到以太坊上的 ERC-20 标准，那是一个在以太坊上发行通证的标准。有了 BRC-20，"潘多拉魔盒"被打开了，这意味着没有太多技术背景的人也可以在比特币上自由发行资产，尤其是同质化通证。

在比特币网络上发行同质化通证，这个描述看上去很魔幻甚至带有讽刺意味，毕竟，相比于其他充满了垃圾币的公链，只有比特币网络还在坚守最原始的 PoW，保持单一资产。真正魔幻的往往不是技术，而是市场。BRC-20 横空出世的时候，尽管顶着无数比特币最大主义者的批评，市场却一边倒地选择了用脚投票（图 6.22）。

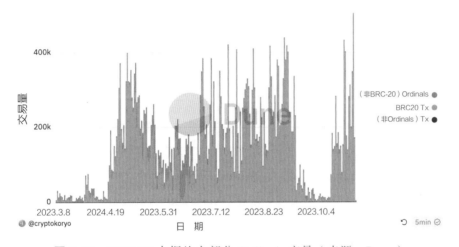

图 6.22　BRC-20 占据绝大部分 Ordinals 交易（来源：Dune）

BRC-20 上第一个通证 $ordi 发行，掀开了 BRC-20 的疯狂。Ordinals 协议绝大部分的交易都被 BRC-20 占据，这让 Casey 非常不适，他公开表示 BRC-20 给他制造的 Ordinals 带来了一堆垃圾，也污染了比特币网络。

Ordinals 协议发布后 3 个月，另外一个匿名开发者总结了 Ordinals 的缺陷并推出了一个新的协议 Atomicals。这个协议主要解决了 Ordinals 协议和 BRC-20 标准割裂的问题，因为 Casey 在设计 Ordinals 协议时并没有考虑要在比特币网络上发行通证，domo 的改进算是无意中摸到了市场的痛点，但这两个人、两个产品相互攻击无法达成统一。Atomicals 在协议推出的时候就已经定义好 ARC-20 通证标准，并提供了很多库供开发者使用，简单理解，Atomicals 是集合了 Ordinals 和 BRC-20 的迭代产品。

除此之外，Atomicals 还改进了铸造通证的方法，和 Ordinals 不同，Atomicals 基于 BTC 的 UTXO 进行铸造和传播，完全模仿了比特币的技术原理，所以不会给比特币网络带来压力。BRC-20 滥发资产的时候，比特币网络一度瘫痪，这和 Ordinals 的技术机制有关。以 Atomicals 上第一个通证 $Atom 为例，获得的方式是通过计算机 CPU 挖矿，需要一定的技术门槛，与此对应的是 BRC-20 上的通证需要支付更高的矿工费去抢夺比特币网络上的正常交易。

Atomicals 的推出可能侧面触动了 Casey，在批评 BRC-20 制造垃圾的同时，2023 年 9 月，Casey 宣布即将推出一个新的协议 Runes，用于在比特币网络上发行同质化通证。简单理解，就是眼看市场火热，技术也被超越，Casey 决定在 Ordinals 的基础上直接整合，完成同质化、非同质化通证的全支持。新设定的 Runes 几乎和 Atomicals 一模一样，技术原理、扩展支持、技术标准都高度相似，这也预示着新的竞争即将来临。

除了 Casey 的 Ordinlas 加 Runes、domo 的 BRC-20、匿名开发者的 Atomicals，比特币网络 NFT 还有许多协议和尝鲜者，其中一个叫 Beny 的开发者也值得关注。Beny 是一个技术极客，BRC-20 出现之后他做了许多图形化界面的铸造、交易工具，之后他敏锐发现了 Ordinals 和 BRC-20 之间的矛盾与各自的缺点。Beny 在 2023 年 8 月推出 BRC-20 改进版本 Tap Protocol，用于建造 Ordinals 上的 Defi 服务，10 月又发布了对 Runes 的改进版本 Pipe。播客 Sea Talk 主理人 0xSea.eth 制作了一个结构图（图 6.23），梳理了近期 BTC Layer1 上各种协议之间错综复杂的关系。

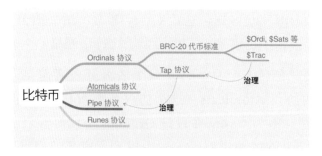

图 6.23　比特币 NFT 主要协议关系图（来源：0xSea.eth）

比特币网络是否应该用于非金融类的项目？这个争论从比特币网络诞生起就一直没停止过，2010 年"中本聪"给出了他的态度：不。所以比特币原教旨主义或比特币最大主义者一直反对在比特币网络上铸造 NFT、发行其他资产，最早的去中心化域名 BitDNS 也被迫做了 Namecoin 独立链来实现其功能。

反对者认为类似 Ordinals 的抢夺比特币区块、拉高 Gas 费用是一种恶性竞争行为，支持者则认为市场应该有自己的定价机制，矿工就应该不分内容地执行对自己有利的交易确认，无论这些内容是垃圾小图片还是毫无意义的视频动画。在比特币网络参与铸造、转移 NFT 的用户已经为自己认为有价值（或有利可图）的交易支付了高昂的费用，矿工只要选择费用最高的交易即可，这一切都符合比特币的安全和激励模型。

事实上，无论争论结局如何，比特币在完成 2017 年的隔离见证（Segwit）升级、2021 年的 Taproot 升级之后，从底层技术上已经为大量 NFT 数据存储在区块链上铺平了道路。换句话说，即便没有 Ordinals，Atomicals 也会有其他类似的协议。伴随着争论，市场会逐渐从混乱走向有序，在比特币网络上也的确出现了一些值得关注的 NFT 作品，下一节我们会详细介绍。

6.3.3 值得关注的 BTC NFT

1. TwelveFold

BTC NFT 市场上充斥着从以太坊抄袭的 BAYC、CryptoPunks 等垃圾作品时，NFT 巨头 Yuga Labs 突然宣布在比特币网络上发行一个全新系列：TwelveFold（图 6.24）。

TwelveFold NFT 是通过 Ordinals 刻在比特币区块链上的生成艺术作品，这些作品以 12×12 的网格像素展示并结合了 3D 图形和手绘艺术。这组 NFT 一共 300 个，有 288 个参与了拍卖，最后 12 件作为 Yuga 慈善计划的一部分分发。虽然在艺术上没有稀缺属性的差异，但最终作品会根据竞标排名进行编号和生成。为期 24 小时的竞拍吸引了 3246 次出价，最高出价达到 7.1159 比特币（约合 159 500 美元），最低成功出价为 2.2501 比特币（略高于 50 000 美元），最终这 288 件限量系列作品收获了总值 1649 万美元的比特币收入。

图 6.24　TwelveFold（来源：TwelveFold 官网）

　　拍卖完成之后 TwelveFold 陷入了一段沉寂，不过在 2023 年 3 月 Yuga Labs 开启了基于 TwelveFold 的猜拼图游戏（图 6.25）。这是一个为期 13 周的猜拼图游戏，每周推出一个拼图，第一个猜出拼图内容的玩家可以获得 0.12 BTC 的奖励，在第 13 周会发布最后一个太阳拼图，奖品是一个特殊的 TwelveFold 作品。玩家猜拼图时需要将答案铭刻在一个"聪"上并提交，这个过程实现起来还是有些门槛的，Yuga Labs 和 Gamma.io 合作提供了解决方案。

　　与 Yuga 之前在以太坊区块链上的至少 10 000 个 NFT 组成的收藏品不同，TwelveFold NFT 是通过 Ordinals 刻在比特币区块链上的，仅有 300 件。TwelveFold 的竞标过程要求竞拍者将全部竞拍金额存入 Yuga，这引起了一些争议，这种先付款，隔周才能铸造的方式可能会被一些项目利用，操纵竞标者以窃取资金。

　　TwelveFold 是 Yuga Labs 有史以来第一个基于比特币的 NFT 项目。该公司之前的 NFT 项目，包括 Bored Ape Yacht Club、Mutant Ape Yacht Club、Otherside 虚拟地块、CryptoPunks 和 Meebits 都在以太坊区块链上。TwelveFold 也是迄今为止通过 Ordinals 推出的最引人注目的 NFT 项目之一，对比特币区块链在 NFT 中的创新使用意义重大。

图 6.25　基于 TwelveFold 的猜拼图游戏（来源：TwelveFold 官网）

2. Bitcoin Frogs

比特币青蛙（Bitcoin Frogs）是一套以 10 000 件青蛙为主题的数字艺术作品（图 6.26），每只青蛙都有不同的属性和特征，比如颜色、眼睛、帽子、服饰等。比特币青蛙 2023 年 3 月 8 日在比特币区块链上利用 Ordinals 协议铸造，是比特币网络第一个 10k 原生类 NFT。2023 年 5 月 17 日，比特币青蛙在 24 小时内成为所有链上交易量最大的收藏品，甚至超过了 Bored Ape Yacht Club。最贵的一只青蛙售价超过 5000 美元，现在已经是比特币上交易量最大的 NFT 之一，销售额超过 1800 万美元。

这个系列的 NFT 灵感可能来源于 pepe 的青蛙形象，它在 Web3 世界里本身就自带流量。比较有趣的是，比特币青蛙和 CryptoPunks 一样出现了错版的故事，V1 版本的 NFT 因为设计师弄错了图层导致用户铸造的青蛙都是裸体，衣服图层被身体图层遮挡。开发者发现问题后停止了铸造，并给错版用户空投了正确的 NFT，也就是现在的版本，但是市面上已经存在 3400 只错版青蛙。在比特币青蛙大火的时候，V1 版本的 NFT 再度被挖掘，铭文顺序、故事性、社区文化各种混合因素等的推动让 V1 版本的 NFT 一度非常火爆。2023 年 5 月 19 日，裸体青蛙单日交易额甚至反超了比特币青蛙。

图 6.26　比特币青蛙（Bitcoin Frogs，来源：MagicEden）

　　Web3 里最重要的文化是叙事，有故事才有机会形成文化，有文化的 NFT 才具有生命力。随着持有 V1 和 V2 版本的群体相互争论，比特币青蛙也成功出圈，最终裸体青蛙被交易市场以版权问题下架，并改名为"Misprint"（错版），而比特币青蛙已然成为比特币网络上原创类 NFT 的蓝筹项目。

　　比特币 NFT 市场上存在着三种主要形态，一种是 TwelveFold、Degods 等以太坊上成功的项目迁移或再造，一种是完全借鉴以太坊或其他链上成功作品的仿盘，第三种就是以比特币青蛙为代表的比特币区块链原生、原创作品。从这个角度来说，比特币青蛙的流行离不开比特币传承的原教旨主义精神。完全去中心化、免费铸造、零版税、完全链上存储再加上无为而治的社区模型，比特币青蛙再次让收藏家体验到比特币黄金时代的精神内核。

结 语 Conclusion

  NFT 市场每一天都在创造新的历史，就在本书即将截稿之时，新一轮 NFT 范式正在崛起。本书我们从比特币网络的 NFT 开始谈起，到比特币网络的 NFT 停笔，市场也正在经历这样一个循环，以 Ordinals 协议、Bitcoin Frogs 和 NodeMonkeys 系列为代表的热潮已经全面超越以太坊市场。

  无论是哪一条公链、哪一种叙事，NFT 作为一种区块链加密资产在技术、文化、商业方面都已经具备了足够的韧性。技术让 NFT 不断拓展新的边界，文化让 NFT 承载更多叙事，而商业则让 NFT 有了更多的应用场景。本书也试图从这三个方向梳理 NFT 的脉络，作为一本科普读物尽可能用通俗的语言、具体是案例来带领读者了解、使用 NFT。

  与其他科普读物不同，我们不枯燥地陈述历史，而是在开篇就以鸟瞰的视角介绍 NFT 生态体系的完整版图，给出关于 NFT 的整体介绍。在了解了 NFT 的基本概念之后，我们带领读者完成 NFT 的基本操作。本书的重点在 NFT 的应用，我们从技术视角切入，深入探讨了 NFT 在艺术、音乐、游戏、元宇宙等领域的应用，并结合品牌案例，探讨 NFT 如何颠覆创新，如何改变行业规则，向读者传授一线实操经验。

  时光荏苒，我们已经走过了一段关于 NFT 的旅程。回顾这本书，我深感欣慰，因为它见证了 NFT 领域的快速演变和无限可能。NFT 的世界正如火如荼地发展着，新的项目、新的应用不断涌现，每一天都带来新的惊喜。这个领域充满了创新和活力，正吸引着越来越多的人投身其中，不断推动着 NFT 的发展。

  对于 NFT，我的期待是它将继续作为数字艺术、数字经济的重要组成部分，为创作者提供更多的机会，为品牌和企业创造更多的价值，为我们创造更加多彩的

数字世界。在这里，我要特别感谢所有读者。感谢你们的陪伴，一起走过了这段关于 NFT 的旅程。NFT 领域的发展离不开每一个人的贡献和参与，希望大家能继续关注、探索，并为 NFT 的未来添砖加瓦。无论你是创作者、投资者、品牌还是普通的 NFT 爱好者，你的参与都是推动 NFT 领域向前发展的重要力量。

本书讨论所涉及的所有项目、通证、模式仅作为技术性、学术性讨论，仅代表作者观点，不代表任何投资建议。2013 年中国人民银行等五部委颁布了《关于防范比特币风险的通知》，明确了"加密数字货币为虚拟商品，不具有与货币同等的法律地位，不能且不应该作为货币在市场上流通使用"。2022 年中国互联网金融协会、中国银行业协会、中国证券业协会共同倡议：防范 NFT 相关金融风险，明确了"NFT 作为一项区块链技术创新应用，在丰富数字经济模式、促进文创产业发展等方面显现出一定的潜在价值，但同时也存在炒作、洗钱、非法金融活动等风险隐患"，请所有读者自觉遵守当地法律法规政策。

最后，让我们共同期待未来，期待 NFT 带来更多惊喜和可能性。NFT 的世界充满了未知，正等待着我们一起去探索。再次感谢你们的支持和信任，愿 NFT 的未来更加辉煌灿烂！